水土保持弹性景观功能

吴　卿　杨　峰　李宝亭　张　璐　赵　培
张俊华　魏　冲　徐　鹏　杨硕果　何洪名　著

U0235817

黄河水利出版社

·郑　州·

内 容 提 要

弹性景观概念近年来在景观规划设计中得到应用。本书以水土保持和生态景观为切入点,以弹性景观功能为核心,提出了水土保持弹性景观功能基本概念与基本理论,构建了水土保持弹性景观功能指标体系,建立了水土保持弹性景观功能模型,并以淮河干流上游出山店水库为对象进行了应用研究,提供了区域生态环境保护与规划技术支撑,拓展了水土保持理论研究领域。

本书理论扎实,数据翔实,技术可靠,可供水土保持、生态环境、土地等专业规划、设计相关工程技术人员和高校师生参考。

图书在版编目(CIP)数据

水土保持弹性景观功能/吴卿等著. —郑州:黄河水利出版社,2020.8

ISBN 978 - 7 - 5509 - 2812 - 1

Ⅰ.①水… Ⅱ.①吴… Ⅲ.①水土保持 - 景观生态建设 - 研究 Ⅳ.①S157②X171.4

中国版本图书馆 CIP 数据核字(2020)第 176583 号

组稿编辑:李洪良 电话:0371 - 66026352 E-mail:hongliang0013@163.com

出 版 社:黄河水利出版社 网址:www.yrcp.com

地址:河南省郑州市顺河路黄委会综合楼 14 层 邮政编码:450003

发行单位:黄河水利出版社

发行部电话:0371 - 66026940、66020550、66028024、66022620(传真)

E-mail:hhslcbs@126.com

承印单位:广东虎彩云印刷有限公司

开本:787 mm×1 092 mm 1/16

印张:10.25

字数:237 千字 印数:1—1 000

版次:2020 年 8 月第 1 版 印次:2020 年 8 月第 1 次印刷

定价:60.00 元

前　言

出山店水库是国务院确定的 172 项重大水利项目之一,是淮河干流上游唯一一座大(Ⅰ)型水库,运行后可向信阳市供水超 $8\ 000\times10^4\ m^3$,灌溉两岸耕地 50 余万亩(1 亩 = $1/15\ hm^2$,下同),年发电超 $750\times10^4\ kW\cdot h$。水土流失与生态环境是水库建设和运行需要研究和解决的两方面问题,本书以水土保持和景观生态为切入点,以弹性景观功能为核心目标,开展出山店水库水土保持弹性景观功能研究,为区域生态保护和水库生态效益发挥提供理论支撑,对水土保持专业领域研究拓展具有重要意义。

运用水土保持学、景观生态学等学科理论方法,充分利用出山店水库建设翔实的基础资料、水土保持与生态环境等成果资料,引入弹性景观概念,通过文献查询研究归纳建立水土保持弹性景观基本理论;基于"3S"技术、DEM 等基础数据信息及现场调查,划分水土保持弹性景观单元、解译景观要素数据信息;通过研究区土地利用景观动态演变分析、生态脆弱性评价、水土保持生态系统服务功能计算、水土保持景观要素基本景观特征计算分析,构建弹性功能指标体系与因子筛选,运用景观生态学静态研究理论思想和中性模型原理建立水土保持弹性景观功能模型,对出山店水库水土保持弹性景观功能进行计算分析,为水库水土流失防治和生态环境保护奠定基础。

提出水土保持弹性景观概念并确定水土保持弹性景观要素主要由耕地、林地、草地、水域组成;提出水土保持弹性景观功能概念并确定其由水土保持功能、生态保护功能、生态生产功能组成;提出水土保持弹性景观功能基本理论,在受到干扰破坏时,水土保持景观功能随干扰破坏程度增大发挥到最大弹性阈值;当干扰破坏结束后,水土保持弹性景观能恢复到原有状态时的最小弹性阈值。

构建 Markov 转移矩阵、单一型动态度模型、综合型动态度模型对 2000 ~ 2018 年出山店水库研究区土地利用景观动态演变进行分析;2000 ~ 2015 年各土地利用类型总面积变化较小;2015 ~ 2018 年水域与建设用地土地 R_1(单一型土地利用动态度)较大;2000 ~ 2005 年各土地类型间的转化很小;2005 ~ 2015 年耕地、林地、草地、建设用地转入与转出均较明显,空间动态度比较剧烈;2015 ~ 2018 年土地利用类型空间动态均比较剧烈;2000 ~ 2005 年 LC(综合型土地利用动态度)值极小;2005 ~ 2010 年 LC 值为 3.578 8%,2010 ~ 2015 年 LC 值为 3.709 9%,2015 ~ 2018 年 LC 值为 6.575 5%。

从生态敏感性、生态恢复力和生态压力度 3 个层面 17 个指标 6 个主成分对生态脆弱性指数(EVI)计算分析,将生态脆弱性划分为微度脆弱、轻度脆弱、中度脆弱、重度脆弱、极度脆弱五个等级,结果表明:出山店水库研究区生态脆弱性空间分布特征总体呈西北生态脆弱性高、东南生态脆弱性低的格局。林地、草地、耕地和水域生态系统服务功能总价值28 151.56万元,价值平均值0.355万元/hm²,林地、草地、耕地、水域价值分别为18 749.26万元、545.40万元、3 174.85万元、5 682.05万元,价值平均值分别为0.540万元/hm²、0.308万元/hm²、0.082万元/hm²、1.310万元/hm²。

基于"3S"技术,利用DEM数据信息,共划分为33个水土保持弹性景观单元;以耕地、林地、草地、建设用地、水域、未利用地为基本景观要素,共解译图斑总计16 686个,图斑总面积95 809.41 hm²。研究区33个景观单元景观斑块密度为17个/km²,耕地斑块密度最小、水域最大。类斑平均面积为5.74 km²/个,耕地平均面积规模最大、水域最小。耕地、林地、草地、水域、建设用地、未利用地景观要素类斑形状指数分别为106.14、81.73、37.78、59.18、75.10、34.29,斑块分维数大于1,景观要素斑块形状比较复杂。类斑香农多样性指数平均为0.12,多样性指数平均为0.05,均匀度平均为0.03,景观要素多样性和均匀度较低。耕地、林地、草地、水域、建设用地、未利用地景观要素优势度明显。

水土保持弹性景观功能E模型阈值0~5,E值越大说明研究区域土壤侵蚀越轻微、生态环境越优良、生态生产功能越大;水土保持功能(防治土壤流失)以土壤侵蚀模数负值表征,土壤侵蚀模数越大、土壤流失越严重、水土流失防治土壤流失功能越小;E值与生态保护功能、生态生产功能呈正相关关系,与土壤侵蚀模数(防治土壤流失水土保持功能负值)呈负相关关系。出山店水库研究区水土保持弹性景观功能E最大值、最小值分别为4.162、2.505,现状值为3.994,均超过E阈限平均值2.5,说明出山店水库研究区水土流失相对轻微、生态环境良好、生态生产功能较大;水土保持景观功能现状值还未达到最大值,表明研究区还有继续实施生态保护、防治水土流失的空间。研究区划分的33个水土保持弹性景观单元E最大值中的最大值为4.094、最小值为3.321,分别为第28号单元和第22号单元,最大值比最小值大23.28%;E最小值中的最大值为2.320、最小值为1.126,分别为第22号单元和第13号单元,最大值比最小值大106.04%;33个景观单元中E最大值为4.094、最小值为1.126,最大值比最小值大263.59%,最小值小于E阈值平均值2.5,表明出山店水库研究区还存在局部水土流失严重、生态环境恶劣区域,还需加强水土流失防治和生态治理与保护。

利用模型方程和构建的指标体系与因子,通过水土保持弹性景观功能E值和生态脆弱性指数标准化SEVI值计算分析,结果表明二者在判别区域生态环境优良状况结果上总体呈一致性对应关系,利用水土保持弹性景观功能E值作为区域生态脆弱性程度评价参考指标将更有利于水土流失防治和生态保护。基于GIS景观单元划分、景观要素统计,通过景观要素及异质性特征指标计算和水土保持弹性景观功能对应变化趋势分析,发现水土保持弹性景观功能大小与景观要素及异质性特征具有明显相关关系,受外界干扰越小、越稳定、优势度越显著的景观单元的水土保持弹性功能越大,水土流失越轻微、生态环境越优良。

　　研究利用水土保持弹性景观功能 E 模型及附属方程计算水土保持功能 SW、生态保护功能 EP、生态生产功能 NPP 时,选择易于量化、计算数据有来源、代表性强、计算方法易操作的指标因子进行计算,并根据土地利用动态演变分析结果确定水土保持弹性景观功能约束条件,利用 Matlab 软件程序求得最大值与最小值,是一种理想化的状态,但土壤侵蚀、生态保护、生态生产均是复杂的系统,影响因素众多,因此构建 E 模型及指标体系与因子进行水土保持弹性景观功能计算分析还有更深的研究空间。

作　者

2020 年 6 月

目　录

前　言

第 1 章　研究综述 ………………………………………………… (1)

　1.1　研究背景和意义 …………………………………………… (1)

　1.2　国内外研究现状 …………………………………………… (2)

　1.3　研究内容 …………………………………………………… (10)

第 2 章　出山店水库及研究区概况 ……………………………… (12)

　2.1　出山店水库概况 …………………………………………… (12)

　2.2　自然概况 …………………………………………………… (14)

　2.3　社会经济概况 ……………………………………………… (18)

　2.4　生态环境现状 ……………………………………………… (19)

　2.5　水土流失与水土保持 ……………………………………… (19)

　2.6　小　结 ……………………………………………………… (22)

第 3 章　研究方案 ………………………………………………… (23)

　3.1　研究方案设计 ……………………………………………… (23)

　3.2　研究方法 …………………………………………………… (23)

　3.3　研究技术路线 ……………………………………………… (25)

　3.4　难点及解决办法 …………………………………………… (27)

　3.5　小　结 ……………………………………………………… (28)

第 4 章　水土保持弹性景观功能基本概念与基本理论 ………… (29)

　4.1　水土保持弹性景观相关概念 ……………………………… (29)

　4.2　水土保持弹性景观功能基本理论 ………………………… (31)

　4.3　小　结 ……………………………………………………… (32)

第 5 章　水土保持弹性景观功能单元划分与景观要素 ………… (34)

　5.1　出山店水库水土保持弹性景观单元划分 ………………… (34)

　5.2　出山店水库水土保持弹性景观要素 ……………………… (40)

　5.3　小　结 ……………………………………………………… (53)

第 6 章　土地利用动态演变分析 ………………………………… (54)

　6.1　数据来源与处理 …………………………………………… (54)

　6.2　出山店水库土地利用结构变化矩阵 ……………………… (54)

　6.3　基于地形定量分析 ………………………………………… (57)

　6.4　出山店水库土地利用结构变化幅度分析 ………………… (63)

　6.5　出山店水库土地利用结构变化速度分析 ………………… (66)

　6.6　出山店水库土地利用动态演变分析结果 ………………… (70)

6.7　小　结 …………………………………………………………………（71）

第7章　生态脆弱性 …………………………………………………（72）
　7.1　评价指标体系 ……………………………………………………（72）
　7.2　指标数据标准化 …………………………………………………（73）
　7.3　评价指标权重 ……………………………………………………（73）
　7.4　生态脆弱性评价 …………………………………………………（75）
　7.5　出山店水库生态脆弱性评价结果分析 …………………………（76）
　7.6　小　结 ……………………………………………………………（78）

第8章　水土保持生态系统服务功能 ………………………………（79）
　8.1　出山店水库水土保持生态系统服务功能评估体系及原则 ……（79）
　8.2　出山店水库水土保持生态系统服务功能计算方法 ……………（80）
　8.3　林地水土保持生态系统服务功能价值（B_1）…………………（82）
　8.4　草地水土保持生态系统服务功能价值（B_2）…………………（84）
　8.5　耕地水土保持生态系统服务功能价值（B_3）…………………（85）
　8.6　水域水土保持生态系统服务功能价值（B_4）…………………（87）
　8.7　出山店水库水土保持生态系统服务功能总价值 ………………（87）
　8.8　小　结 ……………………………………………………………（88）

第9章　生态景观特征 ………………………………………………（89）
　9.1　水土保持景观要素特征指标 ……………………………………（89）
　9.2　出山店水库水土保持景观要素特征分析 ………………………（92）
　9.3　小　结 ……………………………………………………………（113）

第10章　出山店水库水土保持弹性景观功能 ………………………（114）
　10.1　出山店水库水土保持弹性景观功能模型及指标体系 …………（114）
　10.2　出山店水库水土保持弹性景观功能分析评价 …………………（118）
　10.3　生态脆弱性及景观特征与水土保持弹性景观功能 ……………（142）
　10.4　小　结 …………………………………………………………（146）

第11章　结论与讨论 …………………………………………………（147）
　11.1　结　论 …………………………………………………………（147）
　11.2　讨　论 …………………………………………………………（150）

参考文献 ……………………………………………………………（151）

第 1 章　研究综述

1.1　研究背景和意义

1.1.1　研究背景

坚持人与自然和谐共生,建设生态文明是中华民族永续发展的千年大计,是党的十九大提出的新时代中国特色社会主义思想和基本方略之一。

出山店水库是国务院确定的 172 项重大水利项目之一,是历次治淮规划确定在淮河干流上游修建的唯一一座大（Ⅰ）型水库,是目前河南省投资最大的单项水利工程、唯一一座大（Ⅰ）型水库,坝址距信阳市约 15 km,是以防洪为主要功能的大型水利枢纽工程,同时具有灌溉、供水、发电等综合利用功能,控制流域面积 2 900 km²,总库容 12.51×10⁸ m³,水库运行后可使淮河干流上游防洪标准由不足 10 年一遇提高到 20 年一遇,削减洪峰流量 4 197 m³/s,保护下游 170 万人口和 220 万亩耕地,每年可为信阳市城市供水超 8 000×10⁴ m³,同时灌溉两岸 50 余万亩耕地,平均每年发电超 750×10⁴ kW·h,年均减灾效益 4.3 亿元,水资源直接效益 2 亿元。

弹性景观是近几年国际上景观设计中出现的新概念,是指面对自然灾害时具有应变能力的景观,也可理解为生态系统忍受扰乱而不至于崩溃的能力;其要旨是自然和谐相处,不反抗自然,才能使景观更加富有弹性,在遭受破坏性自然灾害之后能迅速恢复且变得更为强大。水库工程建设及安全运行与水土流失及生态环境密切相关,建设过程中地表扰动和植被破坏将产生严重水土流失和负面生态环境影响,水库蓄水后会对水库周边区域生态环境、小气候、水文地质环境、土地利用、社会经济活动等产生影响和改变,自然小流域单元内部景观要素结构也将随之改变。

水库水土保持研究目前主要是针对水土流失预防和治理措施布局与配置等方面,水库生态景观研究主要是针对水库生态效应、生态补偿、生态服务功能、生态影响与保护等方面。水土流失与生态环境是水库建设和运行需要研究和解决的两方面问题,水土保持与景观功能两者之间既有紧密而复杂的关系,且同时受水库建设与蓄水运行带来一系列的影响而变化,以水库为研究对象的水土保持与生态景观相关联的研究较少,针对水库开展水土保持弹性景观功能的研究则更少。

依托河南省水利科技攻关计划项目,开展出山店水库水土保持弹性景观功能研究,将在水土保持和生态景观两个方面研究领域中形成重要的理论填补,具有重要的理论意义和一定的学科研究前瞻性。

1.1.2　研究意义

水库建设长期以来优先考虑的是水利功能,以安全和高效作为其主要评判指标。随着人民生活水平提高、旅游业发展和公众环境意识增强,水库生态、景观功能逐渐被人们认识、接受、喜爱、开发、发展,水利风景区和水库旅游成为现在水库的重要建设开发内容。水库工程建设势必造成大面积地表扰动和严重植被破坏,将产生严重水土流失和负面生态环境影响,侵蚀泥沙随水土流失进入水库并沉积,导致水库死库容增大、兴利库容减小、防洪调蓄功能降低和效益损失。而针对水库的水土保持研究主要以水土流失预防和治理为主,通过对可能产生的水土流失及可能造成的水土流失危害等进行分析,以水库为核心划分水土流失防治区,提出水土保持措施总体布局与综合治理模式,建立工程措施、植物措施、临时措施防治措施体系,有效防治水土流失、涵养水源、保护与改善水库区域生态环境与水文环境,达到防止水库淤积、保证水库设计寿命、改善和调节水库来水的季节动态和入库水质、提高水库电站等水能利用效率目的。

景观由大小不一的斑块组成,弹性是生态系统忍受扰乱而不至崩溃的能力。弹性景观的研究与应用,在风景园林规划、城市规划及乡村、社区、河道、湿地、城市绿地等规划与建设过程中较多,通过采取调整用地比例、提高景观多样性、提高景观修复和再生能力、打造多维景观等措施开展风景园林景观规划建设,通过景观基础设施提高城市面对风暴、洪涝等灾害的适应性,弹性景观的应用多是基于景观建设为目的,而对于弹性景观的功能阐述、分析、应用、指标体系、实际表征的很少,水土保持弹性景观与功能的研究更是鲜见。水库蓄水后,随着水位抬高、淹没范围扩大、移民搬迁,必将对水库周边区域生态环境、小气候、水文地质环境、土地利用、社会活动等产生影响和改变,以土壤侵蚀发生发展的自然封闭小流域单元内部景观要素结构也将随之改变。

出山店水库工程静态总投资98.7亿元,2015年8月16日开工建设,2019年5月23日落闸蓄水投入使用;2017年以第一名当选中国有影响力十大水利工程,2019年再获第9届年度"中国水利记忆·TOP10"有影响力十大水利工程,将为信阳市带来显著的经济效益、生态效益和社会效益,其工程地位及作用极为重要,因此开展出山店水库水土保持弹性景观功能研究具有重要意义。

通过出山店水库建设水土流失与水土保持景观调查分析,以水土保持和生态景观为切入点,以弹性景观功能为核心目标,研究提出水土保持弹性景观概念与基本理论、划分水土保持弹性景观单元、建立弹性功能指标体系与因子筛选,开展水土保持弹性景观功能研究,为后期构建水库水土流失防治弹性景观结构奠定基础,为保障水库区域生态环境良性发展和安全运行、充分发挥水库经济效益、生态效益和社会效益提供技术支撑,对水土保持理论研究拓展具有重要意义。

1.2　国内外研究现状

通过国内外水库工程建设关于生态、景观、旅游、水土保持等方面成果文献查阅,对水库工程景观生态、水库工程水土保持、生态弹性景观、水库水土保持弹性景观等方面研究成果进行分析,关于水库水土保持弹性景观功能的研究成果鲜少,相关研究现状综述分析如下。

1.2.1　水库工程景观生态研究现状

针对水库等水利工程景观生态方面,国内外学者以不同水利工程为研究对象,从生态、环境、景观等方面开展了大量研究,取得了一系列研究成果。针对中小型水库建设对于周边生态环境的影响,秦佳伟[1]研究认为既可实现合理配置区域水资源,也会造成水土流失与生态系统失衡等诸多两面性问题,并在分析中小型水库工程生态环境效益的基础上提出有效的生态保护措施。关于已建大型水库生态效应,齐悦[2]在其博士研究中以白石水库为对象,通过工程对人居环境、野生动物及植物、区域自然特征、经济增长等方面的影响进行分析,并利用水库区域 Cl^- 和 TDS 浓度检测数据对 Cl^- 和 TDS 分布规律进行模拟研究,提出了水库区域生态效应主要是因为库区蓄水造成地下水位过高而引起的,并进一步分析了由于海水入侵所引起的大小凌河流域生态效应特征。就水库生态补偿问题,徐琳瑜等[3]以厦门市莲花水库为例,通过选择水库生态服务功能价值计算方法,在确定水库生态补偿标准和水库生态服务功能价值的基础上,最终确定水库生态补偿费用额度。大规模水利水电工程开发建设在推动社会经济发展、优化能源结构、应对全球气候变化等方面具有重要作用,就其在对于河流生态环境的影响及应采取的对策方面,贾建辉等[4]在概述国内外研究进展基础上,从生境、生物方面对水利水电工程开发建设对河流生态环境影响进行了系统论述,介绍了当前中国水利水电开发政策、生态环境保护性对策与措施及体制机制等,提出了当前的研究主要以大中型水利水电工程、局部尺度、宏观定性研究为主,而对小型水利水电工程、河流流域尺度、定量研究较少的问题。

针对水利工程及自然水体生态安全、生态效应、生态评价等方面,国内外学者进行了大量实例研究。安婷等[5]选择指标并确定权重构建青海湖健康评价体系,从水文水资源、物理结构、水质、生物、社会服务功能共 5 个准则层,就水位下降、原始自然生态景观及生态系统稳定性、生态系统功能下降等方面问题对青海湖进行生态健康评价,提出了开发利用水资源、湿地保护、生态修复、沙漠化防治、水土流失治理、建设生态林等保护青海湖生态健康的措施与建议。生态基流是水利工程建设必须考虑的重要问题之一,吴淼[6]等从水库大坝工程属性、河流水文、水生生物三个方面建立生态流量分类管理指标与方法,并建立水库工程生态流量评估四个管理分类,完善了流域尺度生态流量管理和生态用水调控,提出应针对水利工程下游生态需求情况开展生态流量评估及分类管理,一定程度上丰富了水库大坝工程生态流量研究的理论方法。马铁民等[7]分三个响应层次识别生态效应,按特别严重、严重、一般、轻微四个级别负效应程度和较弱、一般、良好、优秀四个正效应程度将响应综合指数分为 8 个级别,利用 AHP 方法构建辽河流域红山、观音阁、大伙房水库生态效应评价指标体系和综合指数评价模型,对红山、观音阁、大伙房三座典型水库进行生态效应评价。针对拟建水库的主要生态影响,龚新等[8]结合拟建四方井水库工程布置、区域特点、景观要求提出生态保护措施,希望能够最大限度降低水库的不利生态环境影响。就抽水蓄能电站工程的生态环境效应及保护问题,吴王燕等[9]从构成生态环境主要因素如地表植被、陆生水生动物等分析了安徽金寨抽水蓄能电站建设的生态环境保护问题及产生原因,提出了工程建设中的生态环境保护对策。针对水库在跨流域引水条件下的生态保护,李博[10]构建了辽宁省大伙房水库跨流域引水条件下考虑生态目标的引水与供水联合调度模型,研究了模型多目标优选决策方案。针对水库工程施工期间和运行期间对区域生态环境的影响问题,赵元卜等[11]分析了陕西省咸阳市彬县红岩河水库工程对区域生态环境的影响,并提出了生态保护措施,使不利影响降低到可接受范围之内,有效解决了工程建设与生态环境保护的矛盾问题。如何利用生态原理解决水库工程中的环境问题,张朝胜[12]认为在水库建设施工各个阶段均应优先解决好生态环境问题,可以应用生态工程原理在建设水库的同时促进人与生态环境和谐共处。就水库工程本身的生态环境保护,黄海真等[13]在河口村水库工程区域生态环境现状调查及工程生态环境影响分析的基础上,研究提出水库工程分层取水、建设生态通道等保护生态环境措施。关于水库景观生态功能与结构,陈文婧[14]在硕士论文研究中,运用景观生态学、系统及可持续发展等理论对采用复合开发模式的新疆水库工程景观生态系统功能与结构进行了研究,通过充分利用库区水土资源、光热资源,可实施自然植物保护与野果林、经济林人工种植相结合的措施,实现保护生态、涵养水源、水库景区旅游度假、局部生态产业发展等开发目的。Yutaka Takahasi[15]就日本的水资源开发与环境问题进行了分析,认为大坝在提供更丰富可靠水资源的同时对自然环境和社会环境产生了不利影响,总结了日本大坝建设对自然环境与社会环境的不利影响及减少对策。关于水库水利风景区中的环境问题,崔晓鹤[16]从水库工程建设与水利风景旅游发展两方面分析,认为水库水利风景区中存在的主要问题是水环境,提出基于水环境保护水库型水利风景区合理规划方法,使水利风景区在规划阶段就能够保护水环境、水生态,有效缓解水库建设对水环境的负面影响。针对水库流域自然环境保护与改善,Joji Harada[17]就日本水库建设分析认为,大坝建设对自然环境产生的负面影响不可避免,但通过采取各种保护措施可将大坝建设期对环境的影响与破坏降到最低,大坝建成后还可采取多种方法恢复坝区生态环境。Hijos F[18]以西班牙人的视角就大坝与环境关系进行了论述,认为西班牙政府有必要对大坝环境问题加强关注,应采取合适措施减轻对环境的影响。

针对水库景观生态类型特征,申玲等[19]从斑块类型水平指数和景观水平指数两个方面,利用"3S"技术及景观格局分析软件对四川省南充市南部县升钟水库景观格局进行分析评价,认为针阔混交林及针叶林林地和旱地及水田耕地是主要景观类型,呈现交错结构特征,林地作为景观基质受人为影响程度较大。王宪礼等[20]对辽河三角洲湿地景观格局与异质性也利用"3S"技术进行了研究,结果表明空间格局基本构型以大斑块为主且呈聚集型分布,稻田是景观构成主体,还分别统计了斑块数量及大小,计算了人工湿地、自然湿地、半自然湿地聚集度指数,分析认为随着人类干扰强度增加景观多样性下降而优势度增高。李哈滨[21]利用"3S"技术,对青海省贵南县20世纪70年代、90年代及21世纪以来到2016年三个时期土地利用景观变化进行了分析与预测,林地、草地、水域、建设用地等土地利用面积呈增加趋势,耕地及未利用地面积呈下降趋势,县域生态环境趋于好转。彭茹燕[22]利用IDRISI软件对塔里木河流域NOAA/AVHRR数据进行景观格局空间分析,结果表明该河景观类型特征简单、破碎度低、通透性好、均匀度差,是典型的脆弱干旱区内陆河流生态环境景观。邬建国[23]对景观生态以及格局、过程、尺度与等级等概念与特征进行了详细的介绍,提出了一系列景观生态基本理论与模型以及应用。布仁仓等[24]基于"3S"技术从地貌类型、土壤性质、植被特征三项分类指标入手对黄河三角洲景观类型进行划分,共划分了30个景观类型,以斑块周长面积比值、相对面积以及与其他景观类型空间相关关系作为识别指标,确定柽柳、芦苇潮盐土斜平地景观是黄河三角洲景观基质,并对景观特征进行了量化计算分析。葛燕等[25]重点对复合生态型水库景观特征与景观资源开展研究,认为其是此类水库在景观规划策略要素及具体景观设计时应重点考虑的内容,并分析了如何将景观设计融入水库生态建设中。周科等[26]以河南登封隐士湖为例,从地域文化、水利生态系统、景观规划等方面提出了自然生态和人文历史相结合的隐士湖水库景观规划设计理论方法,并重点从隐士湖区域定位及功能应用中发现问题并提出解决方法。依水而居、滨水休闲已成为时尚,杜河清等[27]等以广东增城余家庄水库为例,对有效保护水库蓄水水质、实现水库可持续开发与利用等问题进行了研究,水库亲水景观开发创建方案应在区域经济社会发展、历史文化传统、人与自然和谐的基础上进行规划制订,才能使水库资源功能、环境功能、生态功能充分发挥。申玮等[28]深入系统研究了城市水体景观休闲娱乐功能,在保证水体传统水资源功能发挥的前提下,按照城市的自然、环境、经济、定位、格局、规划等特点规划布局城镇水体景观资源,提升城市水体生态与景观综合效应,是城市总体规划与建设内容的重要组成,是提升城市居民生活质量的重要途径之一。谢祥财等[29]对安徽茨淮新河基于水土保持与景观营建相结合的水利风景区规划方法进行了探讨,以河道水土保持为出发点,以现状条件为切入点,通过完善滨河湿地生态系统,营造水土保持功能景观工程,加强管理措施,可达到防治水土流失与景观营建双赢。

王世岩等[30]对黄河西霞院水库建设前后生态景观变化、LEITAO A B 等[31]对可持续景观规划中的生态学指标、ROBERT TW 等[32]对新泽西松林生物保护与土地利用管理、高晓岚等[33]对多源遥感数据植被识别、刘梦云等[34]对陕西杨凌示范区小型城市土地利用景观动态分析、索安宁等[35]对泾河流域土地利用区域分异及驱动机制关系分别进行了研究,自然环境条件和人为因素相互作用、共同约束导致区域景观变化,工程建设是直接驱动力,人口增加与城镇化也起到一定促进作用。吴淼等[36]建立了水库大坝生态流量评估分类管理办法、Grantham 等[37]提出了通过对大坝进行系统筛选进行大坝环境流量评估和实施方案。梁婧[38]在硕士论文研究中,以水库景观资源多样性为切入点,从社会、经济、自然等方面对景观资源进行综合效益分析,提出有效缓解水库景观效益单一性、全面增加其景观价值的方法。刘志强等[39]提出了水库在保护基础上综合利用发展趋势,分析了水库景观功能开发利用的社会意义、生态意义、经济意义,阐述了营造不同水库景观类型、加强水库景观文化内涵等对策。胡向红等[40]在利用水库资源创建生态景观方面,可以充分利用水库水工建筑物与自然环境,挖掘创造优美水库工程环境和视觉景观,达到功能效应、生态效应、社会效应并举,物质功能与精神功能相结合的工程目标。龚斌[41]介绍了三峡水利枢纽主体工程设计与工程景观化设计情况,认为大尺度工程设计首先应从景观角度考虑并提出建议。刘翔等[42]分析了视距、视角等视觉性量化对园林景观空间尺度与布局的控制。王松[43]在其硕士论文研究中,通过对水利风景区特点分析并将其与风景名胜区进行对比分析,提出水利风景区不仅要有水利工程,还要有良好的生态环境,包括工程景观、生物景观、水文景观、地文景观、人文景观等。

综上所述,在水库工程景观生态研究方面,针对水库建设对生态环境影响、水库生态效应、水库生态补偿、水库对于河流生态环境的影响及对策、水利工程及自然水体生态安全、生态效应、生态评价、水库景观生态类型特征、水库生态景观变化、水利风景区规划设计等方面,国内学者以不同类型的水利工程为对象开展了大量研究,取得了一系列研究成果,但针对水库水土保持弹性景观概念、理论、功能、结构等方面的研究很少,因此以出山店水库为对象开展水土保持弹性景观功能研究具有一定的理论意义。

1.2.2　水库工程水土保持研究现状

针对水库水土保持,吴昌松[44]在其硕士论文研究中,对四川省南部县范家沟水库水土流失特点、防治分区、治理措施布局进行了研究,提出水库工程水土保持防治措施一般配置体系。Ted L 等[45]对密西西比河上游盆地水土保持背景、目标及措施进行了介绍,对中国河流水土保持具有一定启示作用。

陈强[46]以黑龙江省诺敏河阁山水库工程为例,阐述了该工程水土保持设计思路,并充分考虑水土保持景观设计以及如何把景观理念融入水土保持设计中。冯朝红等[47]以内蒙古西乌盖沟水库为例,探讨了北方水利工程水土保持治理措施,详细说明了水库水土保持方案目的、原则、总体布局及防治措施配置体系。水库工程建设势必造成大面积地表扰动、植被损毁,产生严重人为新增水土流失与负面生态环境影响,如何采取有效的水土保持防治措施以减轻工程建设带来的不利影响,陈灼秀[48]以永安市溪源水库为例,在水土保持设计中通过对工程建设可能产生的人为新增水土流失及其可能造成的水土流失危害进行分析,并结合工程实际提出分区水土保持防治措施。李丹[49]在对水利工程水土保持分析基础上结合桃源水库工程实际情况,提出只有实施水土保持工程措施、植物措施以及临时措施进行综合防治,才能有效提高水库水土流失防治水平。王福[50]根据石灰窑水库工程建设项目拟定水土保持防治措施,对水土流失防治预期效果进行了定量分析,评价了水土保持方案的可行性。张陆军等[51]结合黄浦江上游水源地金泽水库工程,总结了水库水土流失防治经验,并从工程措施、植物措施、临时措施、弃土弃渣处置等方面探讨了水库水土保持措施类型及措施体系构建。水库工程对生态环境影响较大,建设过程中做好水土保持工作具有重要意义,宁杨[52]以贵州省普安县五嘎冲水库为例,结合景观有针对性地对水土保持措施进行布设,为水库水土保持和景观设计提供了参考。李莎等[53]以台江县空寨水库工程为例,从防治水土流失与保护生态环境方面阐述了水土保持治理措施设计,有效控制水土流失,使水库建设区生态环境得到保护与改善。肖广金[54]以麦海因水库工程为例,通过采取防、治、管相结合环保水保措施,分别考虑了取水首部、引水管道、管线建筑物、堤防等工程的水土保持措施,形成完整的防护体系,使水土流失得到有效治理。陈龙[55]针对荔波县尧柳水库工程建设产生水土流失情况,结合水库工程特性,建立符合工程实际的水土流失防治重点部位和措施布局体系,通过配置工程措施、植物措施和临时措施可有效治理水土流失,改善项目区生态环境,减轻水土流失危害。针对小型水库特点,为更好服务于主体工程建设、保护生态环境,徐小松等[56]提出在小型水库水土保持措施布置上应符合工程特点,不能套用大中型水利水电工程水土保持治理模式。王栋等[57]针对滨海水库工程造成的水土流失,通过采取工程措施、生物措施与临时防护等措施相结合的方式进行水土流失治理,改善项目区生态环境,促进区域经济发展。蒋懿[58]以辽宁省朝阳市白石水库为研究对象,详细分析了水土保持生态建设成本和生态服务功能价值,定量进行了库区生态服务功能价值估算,可为水土保持生态建设以及生态效益评价提供参考。

综上所述,水库工程水土保持研究,主要是针对水库水土保持方案编制、水土保持措施设计、水土保持措施布局以及水土保持效益评价等方面,成果多以水土保持治理工程实践为主;针对水库水土保持与生态景观方面研究,仅仅是从景观设计、生态保护方面考虑在水土保持设计中的应用,关于水库水土保持弹性景观功能的概念引入、理论阐述、指标体系建立与功能分析评价等方面的研究成果鲜少,开展水库水土保持弹性景观功能研究在水库水土保持研究领域中具有理论和实际意义。

1.2.3　生态弹性景观研究现状

针对生态弹性景观研究,尼尔. G. 科克伍德等[59]对生态弹性进行了阐述,认为生态系统能够忍受扰乱而不至于崩溃的能力就是生态系统的弹性,是人类和生态系统被赋予的自我恢复与适应未来的能力,以及人类被赋予的预测与规划未来的能力;生态弹性景观研究目的在于预测风景园林、城市化进程和未来城市及社区的和谐、人类与可持续发展的形式,讨论了与弹性景观相关的风景园林实践思想等问题,进一步阐述了大都市中心及其弹性景观的可持续发展。

夏臻等[60]引入弹性景观理念,以提高景观对干扰缓冲与调节的能力为目标,通过调整用地比例、提高景观多样性及景观修复和再生能力、打造多维景观等措施对南京新济洲景观进行研究,并探讨江心洲岛作为新兴景观载体的利用途径。冯璐等[61,62]在研究中,引入弹性城市理念,通过分析景观基础设施的自然联系性、功能复合性、动态适应性、网络层次性,阐述景观设施与弹性城市理论结合的必然性,提出模块—网络—维度框架体系的弹性景观基础设施理论,解析景观基础设施对弹性城市提高面对风暴潮的适应性,提出现代城市规划建设的启示。陶旭[63]在其硕士论文研究中,引入生态弹性城市理念,从生态弹性城市视角下的景观策略、景观廊道、景观基质三方面研究洪涝适应性景观建设对城市提高应对洪涝灾害能力的影响,并以武汉湖泊为例对武汉市洪涝空间成因和时间演进、排水工程、湖泊景观建设等情况进行分析,从湖泊景观斑块、廊道和基质角度,分别提出生态弹性城市视角下武汉市湖泊洪涝适应性景观建设对策。Floke C[64]、Boyd E 等[65]、Ernstson 等[66]、McDaniels T chang Coled 等[67]应用城市弹性理念,分别对城市社会生态系统分析中弹性视角、气候变化与政策影响、城市复原力与人为主导生态系统关系、确定缓解与适应决策背景特征促进城市基础设施系统内部极端事件的复原力等方面进行了分析研究。胡中慧[68]在其硕士论文研究中,通过分析苏南乡村环境特征,以乡村景观规划策略入手,应用科学动态规划手段,从生态、工程、社会管理三方面基于弹性理念指导苏南乡村景观规划,探索适应苏南乡村现状弹性规划策略,重塑具有弹性、活力的美丽乡村景观。Kithiia J[69]从需求、障碍、机遇三方面分析了东非城市应对气候变化风险措施。Gilberto C. Gallopin[70]分析了生态景观脆弱性、弹性和适应能力之间的联系。陈诗雨[71]在其硕士论文研究中,通过阐述水弹性城市设计方法,从水弹性城市景观设计角度,探讨基于水弹性理论的城市绿地景观设计,并在西南地区进行了设计实践,遵循地形空间维护生态边界,提出雨洪管理、栖息地保护、雨水花园从宏观到微观不同层次布局设计,实现构建水弹性城市绿地景观。

社区供给人类长期的居住环境,同时为人类提供应对飓风、地震、暴乱等各类风险的避难所,弹性社区建设受到越来越多国家重视并开始提倡建设,以此提高社区抵抗各类风险能力。罗淞雅[72]针对社区弹性景观规划设计,从景观学角度为弹性社区创建提供了可行性方法。黄霜雪等[73]根据惠州市两江四岸景观现状,基于弹性景观设计理论,研究了惠州市两江四岸景观规划、城市河道景观弹性设计的问题与基本要求,并对惠州市两江四岸因地制宜地进行弹性景观设计,提出适合惠州市两江四岸的弹性景观模式。段亚丽[74]在其硕士论文研究中,把弹性设计理念应用到树木园景观规划中,从时间层面与空间层面为郑州市树木园景观可持续发展提供方法及策略。李函润[75]在其硕士论文研究中,结合生态学、农业学、风景园林学、城市规划等学科理论,运用海绵理论对长水航城住宅小区绿化景观进行规划设计,提出了海绵型住宅小区绿地景观设计理念、方法及策略。张丽娜等[76]基于弹性思维提出设计营造临时公园理念及原则,以银杏公园为实例对昆山城区内闲置用地从硬景、软景两个方面分别提出具体设计方法。

城市湿地斑块具有自我修复与可持续发展能力,在城市景观修复中具有改善城市生态环境的重要作用。李哲惠等[77]基于对海绵城市与弹性修复理论,分析了滇池沿岸斗南片区湿地斑块修复湿地作为城市弹性景观斑块的重要性,阐述了城市弹性景观斑块与城市生态环境之间的关系,提出景观斑块重组、水网修复等设计理念与方法恢复城市景观的弹性与韧性。王曼[78]在其硕士论文研究中,为解决城市滨水景观设计中的问题,明确城市滨水区景观在居民生活中的重要性,以巡司河景观弹性设计为切入点,引入弹性理念提出适合的城市滨水景观设计方法体系,同时将具体策略、措施应用到滨水景观设计中,实现对城市水环境改善和应对灾害能够弹性地应对突发问题,化对抗为和谐共生,减少极端天气带来的洪涝灾害,达到良好水生态循环。魏婷[79]在其硕士论文研究中,在深入研究分析后工业景观形成背景及基本属性、弹性设计理论发展脉络及实践活动等内容基础上,提出弹性设计原则,认为后工业景观设计不仅要以弹性设计理论为指导,还应满足弹性设计适用范围,并结合实例阐明了弹性设计在后工业景观设计中的应用方法及价值。袁磊[80]在其硕士论文研究中,以城市滨水景观设计为切入点对衡阳市耒水以北风光带景观进行设计,研究在弹性思维指导下的景观设计策略。

生态弹性力是人类生存与活动的基础,生态弹性度越大,生态系统可承受的自然和人为活动干扰的力度越大;在提高生态系统资源承载力和环境承载力的同时,应重视生态系统的弹性度。各类生态系统弹性度可以通过土地覆盖度、生产力、专家评分和 Shannon – Wiener 多样性指数等方法确定。廖柳文等[81]以植被净初级生产力均值作为弹性分值,利用土地利用数据计算区域生态弹性度,但由于区域自然条件、经济发展状况不同,认为应在县域、省域乃至全国不同尺度条件进行生态弹性研究,全面分析影响生态弹性度因子。Knapp A K 等[82]对土地初级生产力与生物群落时间动态变化问题、I. R. Geijzendorffer 等[83]对生态系统服务需求的尺度问题、Urs P Kreuter 等[84]对得克萨斯州圣安东尼奥地区生态系统服务价值的变化问题、V. G. Aschonitis 等[85]对评价生态系统服务价值稳定性和敏感性的弹性敏感系数问题、Whitford V 等[86]对城市地区生态绩效指标及其在英国默西塞德郡的应用问题分别进行了研究,在生态功能尺度、指标、评价等方面取得了一定的成果。傅伯杰[87]等在《景观生态学原理及应用》中系统全面地论述了景观生态学原理及应用,对景观生态学基本理论、景观时空格局、景观生态过程、景观格局动态模拟、生态景观规划及设计和景观生态学在生物多样性保护、土地可持续利用和全球气候变化等研究中的应用进行了重点论述。弹性概念为新型城镇化研究提供了新的视角,刘丹等[88]通过追本溯源弹性概念及剖析其基本含义、阐述城市弹性研究进展、探讨弹性思维对规划革新的启示,说明弹性概念及其研究方法对促进城镇规划创新的作用。王云霞等[89]依据生态弹性力概念构建了北京市生态弹性力指标体系、利用 SPSS 软件确定指标权重,分析评价了北京地区生态弹性力发展状况,结果表明在多项措施的实施下,北京市生态环境质量得到了逐年改善。Maite Cabeza Gutes[90]在研究中提出了弱可持续性的概念,丰富了生态弹性研究理论与方法。孙意菲等[91]利用调查资料和相关数据,在"3S"技术支持下针对三江平原沼泽湿地生态不稳定问题,对湿地生态环境弹性度及分布规律利用模糊物元模型进行评价研究,认为生态不稳定是湿地存在的主要问题。

综上所述,生态系统忍受扰乱而不至于崩溃的能力作为生态弹性的基本概念已被国内外学者接受并在实际中进行应用。针对生态弹性景观方面的研究,国内外学者在对具体对象开展研究时引入弹性景观理念、弹性城市理念、水弹性理念、弱可持续性概念,在城市、乡村、社区、后工业景观、城市河道、城市水体、城市公园、湿地等生态景观规划设计中对生态弹性因子、指标、分析、评价进行了研究应用,且多是基于景观建设为目的,而对于弹性景观功能的阐述、分析、应用、指标、定量化等方面研究很少,水库生态弹性的研究成果更是鲜见,开展水库生态弹性研究,是对生态弹性研究和应用的拓展与补充,具有重要的工程实际意义和良好的应用前景。

1.2.4 水库水土保持景观研究现状

关于水库水土保持景观研究,牛海东等[92]以塔城地区白杨河镇水库为例,在综合分析区域背景和生态景观现状基础上,对水库水土保持生态景观规划方法及理念进行探讨,通过景观生态系统演替实现水库水土保持治理和景观生态效益的双重目的,同时结合塔城地区人文地理条件,将人文地域文化内涵融入整个水库景观规划与设计中,提升水库整体水土保持功能与景观品位。张萍[93]在其硕士论文研究中,把水土流失与景观格局联系起来,从景观尺度上研究不同景观格局对水土流失的影响,采用景观格局分析方法与人工神经 BP 网络模型和"3S"技术建立莆田市东圳水库饮用水水源保护区景观格局的空间数据库,对景观因子分异性及其对水土流失的影响进行研究,阐述了景观空间格局与水土流失之间的关系以及人类活动对景观格局和水土流失的影响。Keane R E 等[94]分析了采用模拟方法研究景观斑块历史动态范围和变化时的局限性。Radif A A[95]提出了应对未来综合水资源管理挑战和避免未来危机的方法。Kosmas 等[96]研究了地中海条件下土地利用对降雨径流和土壤侵蚀速率的影响。陈强[97]通过介绍诺敏河阁山工程水土保持措施设计体系,系统阐述了诺敏河阁山工程水土保持设计思路,充分考虑了基于景观的水土保持设计以及如何把景观设计理念融入水土保持设计中。

长期以来水库建设考虑的多是水利功能,评判指标以安全和高效为主,随着生活水平提高、旅游业发展和环境意识增强,水库生态、景观功能逐渐被人们认识、喜爱。根据水土保持法律法规规定与要求,水库工程建设需进行水土保持设计,防治水土流失,单纯的水土保持已不能满足人们对水库多功能的需求。张立强等[98]以河南刘湾水库为对象,在水土保持设计中融入现代生态景观设计理念,使水土保持与生态景观有机结合,产生相得益彰的效果。王彦阁[99]在其博士论文研究中,把北京密云水库流域土地利用现状划分为基于生计改善的森林景观恢复优先区和基于生态效益的森林景观保护区,调整流域社会经济发展策略及进行森林景观恢复和改善。García – Frapolli E 等[100]通过墨西哥尤卡坦半岛东北部自然保护区的生物多样性保护、传统农业和生态旅游分析对该地区土地覆盖及土地使用变化进行了预测;Geymen A 等[101]监测了伊斯坦布尔城市群城市增长和土地覆盖变化情况;Alejandro F S 等[102]分析了土地利用和土地覆被动态变化对高度多样化热带雨林养护的影响。曹宏彬[103]对利用"3S"技术开展水保持动态监测进行了深入研究;黎夏等[104-105]开展了基于神经网络元胞自动机及复杂土地利用模拟系统研究,提出一种面向对象的地理元胞自动机,并分析了珠江三角洲东莞土地利用变化趋势及所面临的问题。李书娟等[106]系统分析了景观空间动态模型研究现状及重点发展方向,详细介绍了随机景观模型、邻域规则模型、景观过程模型发展现状、存在主要问题以及完善模型途径,从确证性分析、有效性分析、敏感性分析阐述了模型检验技术发展现状,提出未来景观空间动态模型发展中应重点解决的模型算法的优化、尺度转换、模型的复杂化与简化、模型检验与评价等主要问题。

综上所述,关于水库工程水土保持景观方面的研究,一方面是在水库水土流失防治、水土保持设计中考虑生态景观因素,或者是结合水库生态旅游等功能,在水土保持设计中加强生态景观设计,主要是以工程实际应用为主,而在方法与应用方面的理论研究较少;另一方面是在水土保持监测、生态保护与修复等工程实践或研究中开展一些生态景观模型、分析评价等研究,通过查阅文献,水土保持弹性景观功能在水库建设和生态研究中很少涉及,因此开展出山店水库水土保持弹性景观功能研究具有重要意义。

1.3　研究内容

依托河南省水利科技攻关计划项目,以出山店水库为研究对象,以水土保持与生态景观为切入点,以水土保持弹性景观基本概念与理论为基础,以水土保持弹性景观功能指标体系构建与因子筛选为核心,以水土保持弹性景观功能分析评价为目标,开展出山店水库水土保持弹性景观功能研究,主要研究内容如下:

(1)水土保持弹性景观功能基本概念提出与基本理论建立。

根据水土保持学、景观生态学等基本概念与基本理论,在全面阐述水土保持、水土保持措施、生态、景观、功能等基本概念与理论的基础上,结合出山店水库研究区水土保持与生态景观等实际情况,引入弹性景观概念,提出水土保持弹性景观基本概念,建立水土保持弹性景观功能基本理论,为进一步开展出山店水库水土保持弹性景观功能研究奠定理论基础。

(2)出山店水库水土保持弹性景观功能单元划分。

　　防洪、灌溉、供水是出山店水库工程的主要设计功能,同时水库建成蓄水运行后还有拦蓄侵蚀泥沙、抬高库区两岸侵蚀基准、改变水库区域土地利用、影响生态环境等作用,根据出山店水库研究区水土保持与土地利用,以水库大坝上游库区两岸土壤侵蚀发生发展的自然封闭小流域或小流域片为单元划分水土保持弹性景观单元,利用"3S"技术与高分辨率遥感影像获取景观单元内部景观要素,为出山店水库水土保持弹性景观功能分析评价研究奠定基础。

　　(3)出山店水库水土保持弹性景观功能指标体系构建与因子筛选和分析评价研究。

　　在提出基本概念、建立基本理论、弹性景观单元划分的基础上,构建水土保持弹性景观功能指标体系与筛选因子,运用景观生态学与水土保持学方法,进行出山店水库土地利用动态演变分析、生态脆弱性评价、水土保持生态系统服务功能计算以及水土保持弹性景观单元内景观要素基本景观特征计算分析,运用景观生态学静态研究理论思想和中性模型原理建立水土保持弹性景观功能模型,对出山店水库水土保持弹性景观功能进行计算分析,为水库水土流失防治和生态环境保护奠定基础。

第 2 章　出山店水库及研究区概况

2.1　出山店水库概况

　　淮河发源于河南省桐柏山太白顶固庙,流经信阳市、正阳县、罗山县、息县、淮滨县、固始县等市(县),在固始县三河尖以东陈村流入安徽省境内,经江苏省洪泽湖汇入长江,干流河道长 1 050 km,总流域面积 27×10^4 km²(包括沂沭泗河流域面积),其中河南省淮河流域面积 8.83×10^4 km²,占淮河流域总面积的 32.6%;淮河干流王家坝以上为上游,王家坝至洪泽湖之间为中游,洪泽湖以下为下游,河南省淮河干流位于淮河中上游地区,干流河道长约 417 km。

2.1.1　出山店水库工程概况

　　出山店水库是国务院确定的 172 项重大水利项目之一,是历次治淮规划确定在淮河干流上游修建的唯一一座大(Ⅰ)型水库,是目前河南省投资最大的单项水利工程、唯一一座大(Ⅰ)型水库,坝址位于信阳市西北约 15 km 出山店村附近(见图 2-1),是以防洪为主的大型水利枢纽工程,同时具有灌溉、供水、发电等综合利用功能,控制流域面积 2 900 km²,总库容 12.51×10^8 m³(防洪库容 6.91×10^8 m³、兴利库容 1.45×10^8 m³),发电装机容量 3 100 kW。水库大坝为混合坝型,大坝设计高程 100.4 m,总长 3 690.57 m(混凝土坝段长 429.57 m),被誉为"千里淮河第一坝",工程静态总投资 98.7 亿元,2015 年 8 月 16 日开工建设,2019 年 5 月 23 日随着水库大坝弧形闸门缓缓落下,千里淮河第一坝投入使用。水库蓄水运行后,淮河干流上游防洪标准将由不足 10 年一遇提高到 20 年,每年为信阳市城市供水 $8 000 \times 10^4$ m³,同时灌溉两岸 50 余万亩耕地,平均每年发电 750×10^4 kW·h,可保护下游 170 万人口和 220 万亩耕地,年均减灾效益 4.3 亿元,水资源直接效益 2 亿元。

　　出山店水库 2017 年以第一名当选有影响力十大水利工程,2019 年获中国水利报社组织开展的第 9 届年度"中国水利记忆·TOP10"有影响力十大水利工程。工程对于控制上游山区洪水、提高下游河道防洪标准、充分利用水资源促进当地经济发展具有十分重要的作用,将为信阳市带来显著的经济效益、生态效益和社会效益。

2.1.2　出山店水库工程等别及标准

　　出山店水库工程规模为大(Ⅰ)型,工程等别为Ⅰ等,其主要建筑物级别为 1 级,次要建筑物级别为 3 级。枢纽工程由主坝土坝段、混凝土坝段、副坝、南灌溉洞、北灌溉洞、电站厂房及消能防冲建筑物等组成。主坝土坝段、混凝土坝段为主要建筑物,工程级别为 1 级;南灌溉洞与北灌溉洞洞身级别也为 1 级;北灌溉洞进水口为独立布置形式,建筑物级

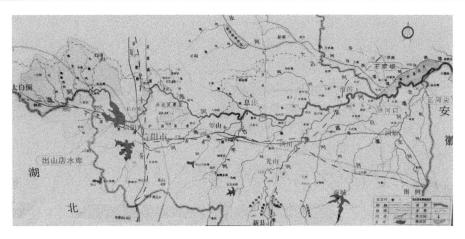

图 2-1 出山店水库工程位置图

别为 3 级;溢流坝段上游左岸挡墙直接保护主坝,为 1 级建筑物,其余溢流坝段和泄流底孔坝段后挡墙及导水墙均为 3 级建筑物;消力池后尾水渠护坡、护底为次要建筑物,工程级别为 3 级;水电站为坝后式电站,电站装机容量 2 900 kW,属小(2)型水电站,工程等别为 V 等,电站厂房为 5 级建筑物;混凝土坝段下游右岸存在高边坡,边坡类别为 B 类,边坡级别定为 2 级边坡;临时建筑物施工围堰级别为 4 级。

主坝、副坝设计洪水标准 1 000 年一遇,相应洪水位为 95.65 m,校核洪水标准采用 10 000 年一遇,相应洪水位 98.03 m;北灌溉洞进水口洪水标准采用 30 年一遇洪水设计,100 年一遇洪水校核;电站设计洪水标准采用 30 年一遇,校核洪水标准采用 50 年一遇;临时建筑物的设计洪水标准采用 20 年一遇;混凝土溢流坝段、泄流底孔的消能防冲采用 100 年一遇洪水设计,南、北灌溉洞的消能防冲标准按 30 年一遇。

2.1.3 水库移民安置

出山店水库淹没影响涉及信阳市浉河区游河乡、吴家店镇和平桥区平昌关镇、甘岸办事处共四个乡(镇、办事处),涉及游河乡 12 个行政村,吴家店镇 7 个行政村,平昌关镇 14 个行政村,甘岸办事处 1 个行政村,共计 34 个行政村,统计总人口 200 753 人,其中农业人口 89 254 人,耕地 312 048 亩,农业人均耕地 1.65 亩。

受回水影响较小的坝前段耕园地征用界线水位为 88.5 m,居民点淹没迁移界线水位为 92.0 m;在淮河干流和支流受回水影响较大的库区段耕园地征用界线按 5 年一遇洪水位 88.5 m(居民点淹没迁移界线取 20 年一遇洪水位 92.0 m)和相应标准的汛期、非汛期回水外包线确定;林地、牧草地征用界线高程为正常蓄水位 88.0 m。库区 88.5 m 高程以下及汛期、非汛期 5 年一遇洪水回水外包线内影响面积 61.25 km^2(淹没影响面积 59.56 km^2、坝区占压影响面积 1.69 km^2),库区 92.0 m 高程以下及汛期、非汛期 20 年一遇洪水回水外包线内淹没影响面积 95.42 km^2。

2.1.4 水库生态流量

初期蓄水:在水库刚建成下闸蓄水后尚未达到基流引水口 83 m 高程前,泄洪底孔

(底高75.0 m)不能全闭,按不低于3.55 m³/s流量下泄生态用水;水位达到83 m时,通过基流放水洞下泄3.55 m³/s生态流量,4~8月下泄不低于7.0 m³/s(根据枯水年期间最小月平均流量确定)的生态流量。

运行期:丰水年、平水年以不低于8.22 m³/s下泄生态流量;枯水年仅2月按3.8 m³/s下泄生态流量,4~8月按不低于8.64 m³/s下泄生态流量;特枯水年11~12月按3.55 m³/s下泄生态流量,4~8月按不低于5.09 m³/s下泄生态流量。

电站1 250 kW单台发电流量为4.0~13.0 m³/s,基流放水洞过流能力为3.5~10.0 m³/s。运行期通过发电机组结合生态放水洞下泄生态流量。

2.2 自然概况

研究区为出山店水库大坝至上游入淮河干流第1条自然流域面积达到100 km²的支流的水库区及淮河干流两侧自然汇水范围,主要涉及信阳市平桥区、浉河区部分村镇,研究区域面积95 809.41 hm²,见图2-2。

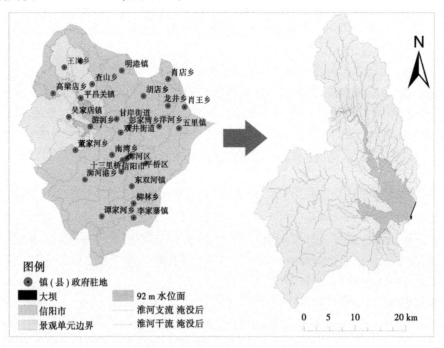

图2-2 出山店水库研究区位置图

2.2.1 自然条件

2.2.1.1 地形地貌

出山店水库位于桐柏山东麓低山丘陵与山前冲积平原过渡地带,淮河自西北向南东流经库区,库区内淮河的主要支流有游河和白道河,水库区地貌类型主要为低山、丘陵、岗地和河谷地貌。

低山地貌主要分布在库区西部和西南部,东西向展布,由岩浆岩、变质岩、第三系红色岩系组成,海拔高程150.0 m以上,山顶多呈浑圆馒头状,部分基岩裸露,缓坡及沟谷中有第四系覆盖,局部地形陡峭,河谷深切,相对高差达50.0 m以上。

丘陵及岗地地貌主要分布在库区北部、东部,由第三系红色岩系及第四系中更新统组成,大部分被第四系覆盖,在沟谷及陡坎处第三系红色岩系仅有零星出露,海拔高程100.0~110.0 m。

河谷地貌主要分布在库区上游,山间河谷狭窄,多呈"U"形,平昌关以下,河谷较平坦、宽阔,阶地发育,高程在90.0 m以下,河谷地貌特征明显。

二级阶地主要分布在库区淮河左岸及右岸部分地段,在游河两岸沿河呈条带状分布,坝址区淮河左岸二级阶地宽2 000~3 000 m,为上更新统冲积堆积,海拔高程82.0~86.0 m。二级阶地与一级阶地后缘相接,地貌上差异不明显,地面高差1.0 m左右。阶地面较平整,微向河流倾斜,地面坡降1/2 000~1/3 000。

一级阶地在库区呈断续分布状态,淮河右岸主要分布在游河入河口、马腾湾、苏家河一带,淮河左岸主要分布在湾店—袁庄—大孔庄一带及河流凹曲之处,由第四系全新统下段冲积物组成,阶面海拔高程80.0~81.0 m。

库区河床宽400~1 500 m,在蛇曲状河道弯曲内侧多形成漫滩,水流两侧均有漫滩发育,与河床无明显界线,呈渐变关系,坝址区漫滩海拔高程为76.0~79.0 m。

2.2.1.2 气象水文

出山店水库区域属北亚热带湿润型气候,根据桐柏站和信阳站1951~2016年观测资料,出山店水库区域多年平均气温为15.0 ℃,历年极端最高气温40.9~41.1 ℃,出现在7~8月,历年极端最低气温20~20.3 ℃,出现在1月;年降水量800~1 200 mm,多年平均年降水量1 000 mm,年际变化大,年内分布不均,6~8月降水量占全年降水量的50%以上,多以集中数次暴雨出现,最大24 h暴雨量351.3 mm(胡家湾站1968年7月14日),占年雨量的22.0%、占月雨量的50%左右,暴雨强度变化大,年际分配不均,最大值为最小值的7~10倍;全年多北风及东北风,汛期多为南风及西南风,多年平均风速2.2 m/s,多年平均最大风速17.0 m/s,最大风速24.0 m/s(1964年4月和6月);多年平均水面蒸发量790 mm,7月最大蒸发量155 mm,1月最小蒸发量25 mm,5~8月蒸发总量占全年的55%。流域汛期一般为5月中旬至9月,历年7月最大洪峰流量出现次数最多,约占50%,其次为8月和6月。出山店水库流域最大洪峰流量、24小时最大洪量、3天最大洪量分别为1 841 m³/s、1.22×10^8 m³、1.96×10^8 m³,出现年份为1968年;最小洪峰流量、24小时最小洪量、3天最小洪量分别为126 m³/s、0.10×10^8 m³、0.17×10^8 m³,出现年份分别为1961年、1961年、2001年,最大值与最小值之比分别为60.0、56.2、47.0;坝址洪水一般呈单峰形式,也有复峰形式,次洪水历时一般3~5 d,多为3 d,涨水部分6~12 h,落水部分50~90 h。

出山店水库以上淮河流域内现有105座建成水库,包括6座中型水库、16座小(Ⅰ)型水库、83座小(Ⅱ)型水库,水库总控制面积414.9 km²,占出山店水库以上流域面积的14.3%,总库容21 713万m³,兴利库容11 105万m³,灌溉面积15.5万亩。

2.2.1.3　土壤

黄棕壤、棕壤、水稻土、砂姜黑土和潮土是信阳市范围分布的5个主要土壤类型,下分亚类12个、土属36个、土种137个。其中主要土类是黄棕壤,是典型的北亚热带向温带过渡的地带性土壤,约占信阳地区所有土壤类型总面积的50%,以淮南垄岗丘陵区、大别山、桐柏山、淮北部分地区为主要分布区域,pH 5~7,质地黏重、土质粗、耕作层浅、通气性差、有机质含量少。棕壤为落叶阔叶林下发育土壤,母质为腐殖质侵入岩石风化物,零星分布在海拔1 000 m左右山顶,面积很小;其次是水稻土,土壤耕作层松软、肥沃,以淮南波状平原、丘陵谷地、山间盆地、河谷两岸及淮北部分地区为主要分布区域;砂姜土在信阳市属区域性土壤,主要分布区域为淮北平原中北部,土壤土质黏重、排水不良,但腐殖质含量丰富,土壤潜在肥力高;潮土分布较少,主要在内淮河以及淮河支流的河谷阶地有少量分布,土壤土层深厚、肥力较高。

出山店水库区域土壤类型主要为水稻土和黄棕壤。水稻土一般沿河分布,质地为壤土,土质松、烂、肥、厚,有机质丰富,水热稳定;黄棕壤分布于水稻土区外围丘岗地带,质地为壤质土,呈中性－微酸性,淋溶强烈,其上植被稀疏。

2.2.1.4　植被

信阳市处于北亚热带向暖温带过渡区域,雨热同季,植被类型以落叶针阔林为主,常绿针阔林与落叶针阔林交替状态并存,植被具有南北树种草种兼备特点。出山店水库区域主要植被类型组成及特征如下:

(1)森林植被。

森林植被属北亚热带常绿、落叶针阔混交林地带,分布在水库南部低山上,平均海拔高程800 m,以落叶栎类为代表,包括油松＋黑松群落、刺槐＋麻栎＋栓皮栎群落、栓皮栎＋麻栎群落等,田埂地旁及房前屋后有梧桐、香椿、榆树、柳树、大叶杨和泡桐等人工林生长。

油松林(Form. Pinus tabulaeformis)主要分布于库区周边的山地和丘陵上,群落外貌整齐,生长发育良好,层次分明,树龄多为20~30年。天然油松林中常伴有栓皮栎、黑松、锐齿栎、山槐、漆树等。灌木层盖度0.25~0.35,主要有连翘、绣线菊、山胡椒、卫矛、荚迷、胡枝子等;草本层盖度0.1~0.25,主要有糙苏、山萝花、龙牙草、唐松草、黄精等。

栓皮栎林(Form. Quercus variabilis)广泛分布于水库周边低山上,浅山区多为中幼林或萌生状态的栎林,深山区多为成熟林,结构简单,林相整齐,郁闭度0.5~0.9,林木高为10~15 m。乔木层伴生植物有化香、刺槐、麻栎、山槐、山杨、山樱花、山桑、野核桃、漆树等。灌木层盖度0.15~0.35,主要有杜鹃、绿叶胡枝子、胡枝子、山莓、中华绣线菊、山梅花、连翘、毛柱悬钩子等;草本层盖度0.2~0.4,主要有金丝苔草、日本苔草、蕨、披针苔、委陵菜、白头翁、珍珠菜等。林下灌木层和草本层主要有栓皮栎＋卫矛＋山萝花群丛(Ass. Quercus variabilis, Euonymus alatus, Melampyrum roseum)、栓皮栎＋连翘＋委陵菜群丛(Ass. Quercus variabilis, Forythia suspensa, Potentilla chinensis)、栓皮栎＋满山红＋苍术群丛(Ass. Quercus variabilis, Rhododendron mariesii, Atractylodea chinensis)、栓皮栎＋绿叶胡枝子＋披叶苔群丛(Ass. Quercus variabilis, Lespedeza buergeri, Carex lanceolata Boott)。

锐齿栎林(Form. Quercus acutidentata)在水库周边低山丘陵上少量分布,多分布于海拔高程 500~700 m 山坡,较低海拔处多中幼林,较高海拔处多成熟林,天然更新良好,群落结构稳定。乔木层伴生植物有华山松、油松、五角枫、少脉椴、漆树、暖木、水榆、千金榆、山杨、灯台树、网脉锻等。灌木层盖度 0.1~0.25,主要有美丽胡枝子、桦叶荚迷、毛叶小檗、三裂绣线菊、粉团蔷薇、箭竹、短梗六道木、天目琼花、陕甘花揪、珍珠梅、刺悬钩子等;草本层盖度 0.2~0.6,主要有苔草、崖棕、鬼灯檠、糙苏、蕨、东风菜、兔儿伞、沙参、蟹甲草、唐松草、臭草、马先蒿、珍珠菜、狼尾花、黎芦、香青、类叶牡丹、凤毛菊等。灌木层和草本层主要有锐齿栎 + 连翘 + 披针苔群丛(Ass. Quercus acutidentata, Forsythia suspensa, Carez lanceolata Boott)、锐齿栎 + 绿叶胡枝子 + 山萝花群丛(Ass. Quercus acutidentata, Lespedeza buergeri, Melampyrum roseum)、锐齿栎 + 茶藨子 + 糙苏群丛(Ass. Quercus acutidentata, Ribes spp., Phlomis umbrosa)、锐齿栎 + 灰栒子 + 宽叶苔群丛(Ass. Quercus acutidetata, Cotoneaster acutifolius, Carex siderosticta)、锐齿栎 + 川鄂小檗 + 宽叶苔群丛(Ass. uercus acutidetata, Berberis henryana, Carex siderosticta)、锐齿栎 + 通梗花 + 丝叶苔群丛(Ass. Quercus acutidentata, Abelia engleriana, Carex capillformis Franch)。

化香林(Form. Platycarya strobilacea)在水库周边低山阳坡有少量分布,是栎林采伐迹地上的演替型森林类型,以中幼为主,局部地段有 20~30 年成熟林,群落外貌整齐,林冠高 12~14 m,郁闭度 0.5~0.7,乔木层伴生有栓皮栎、油松、山槐、黄檀、茅栗等。灌木层稀疏,常见有胡枝子、杭子梢、连翘、六道木、满山红、小叶白蜡、山莓、杜鹃等;草本植物多不成层,常见有野菊、珍珠菜、蕨、大油芒、石沙参、针苔、泽兰等。

(2)灌丛植被。

灌丛和灌草丛是由于森林植被遭到破坏后发展起来的植被类型,群落属次生性质,由落叶灌木和多年生中山禾草类植物组成。

灌丛在库区周边分布范围较广,由低海拔到高海拔均有分布,主要有胡枝子灌丛、荆条灌丛、连翘灌丛等,群落简单。胡枝子灌丛(Form. Lespedeza formosa)是水库区域分布最广泛的植物之一,在阔叶林下形成优势灌木层,在耕地四周、村宅旁、路边等也常有分布,群落高 70~150 cm,盖度 0.7~0.9,生长旺盛,伴生的植物较少,常见有绿叶胡枝子、杭子梢、白鹃梅等;胡枝子灌丛是阔叶树种破坏后形成的植被,随着阔叶树种再度形成森林,胡枝子会退居林下,成为林下或林缘植物。荆条灌丛(Form. Vitex chinensis)呈丛状分布,群落高 0.8~1.2 m,盖度在不同地方差异较大,海拔越低,盖度越大,大多数生长状况较差,伴生植物主要有酸枣、胡枝子、野山楂、铁扫帚等。连翘灌丛(Form. Forsythia suspensa)主要分布在山坡或沟谷旁,丛生,生长茂盛,群落高 1.0~2.5 m,盖度 0.5~0.6,通常先花后叶,早春群落呈黄色植被景观,伴生植物有杜鹃、胡枝子、绣线菊、野青茅等,草本层较为发达,盖度 0.4~0.6,主要有白茅草、歪头菜、桔梗、翻白草、毛华菊等植物;连翘的萌生能力强,能忍受干旱贫瘠,遭到破坏能沦为灌草丛或旱生草坡。

(3)草丛植被。

草丛由多种中生性草本植物组成,为非地带性植被。水库区域草丛植物隶属于禾本科、莎草科、菊科、百合科等,在不同海拔高度均有分布,在低海拔丘陵地带主要以狗牙根、鹅观草、结缕草、白羊草、马唐草等为主,在海拔较高山岗和山梁以狼尾草、黄背草、芒、白茅、知风草等为主,在海拔500 m以上山地林缘或路旁以野古草、野青茅草、蒿类等为主。

(4)沼泽植被和水生植被。

出山店水库区域水域面积不大,沼泽植被和水生植被面积较小。沼泽植被以草本为主,常见的有香蒲、芦苇、荆三棱、莎草、水毛花、灯心草、喜旱莲子草等。水生植被主要分布于池塘、沟渠、河流及其他水体中,常见沉水植被有狐尾藻群落、黑藻群落、菹草群落、金鱼藻群落及各类眼子菜群落等;浮水植被有满江红、槐叶萍群落、浮萍、紫萍群落、荇菜群落、芡实、菱群落等。

(5)农田及经济植被。

水库区域农田植被作物主要有玉米、小麦、水稻、大豆、红薯等,经济植物主要有苹果、梨、桃、茶叶及药用植物。

2.2.2 矿产资源

信阳地区已探明各类矿产49种,矿产地280多处,其中金属矿17种,非金属矿24种;有大型矿11处,中型矿31处。非金属矿产资源丰富,开发前景广阔。水库区域范围除储藏有大理岩、花岗岩等建筑用石料矿以外,无其他重要矿产资源。

2.3 社会经济概况

2.3.1 平桥区

平桥区地处信阳市区北部、滨临淮河,北与驻马店正阳、确山两县相邻,西与南阳桐柏县交界,国土面积1 889 km²,人口78.85万人。2016年,全区生产总值204.9亿元,增长9.6%;地方公共财政预算收入5.4亿元,税收占比81.5%;粮食总产量5.73亿千克;社会消费品零售总额91.00亿元,年增长14.30%;全区城镇居民可支配人均收入19 975元,农民人均纯收入8 777元。

2.3.2 浉河区

信阳市浉河区位于河南省南部、信阳市西部,东部北部与罗山县、平桥区近邻,南与湖北应山、大悟县接壤,西接湖北省随州市,国土面积1 783 km²,人口59.4万人。2016年,全区生产总值203.7亿元,增长9.7%;地方公共财政预算收入7.9亿元,税收收入6.74亿元,增长23.4%,税收占比85%;社会固定资产投资170.5亿元,社会消费品零售总额109.6亿元,区属规模工业增加值37.1亿元;农民人均纯收入9 978元、城镇居民可支配人均收入20 051元。

2.3.3 研究区

水库区所在地为信阳市平桥、浉河两区,地势平坦,交通便利,人口稠密,群众相对富裕。水库区域内有宁西铁路、312国道等重要交通基础设施,乡镇公路网络发达,社会经济传统上依赖农业,近年以外出务工、自办工厂、进城经商为主的副业经济发展很快,收入比重逼近农业,其他收入来源还有林业、畜牧业、渔业等。

水库区工业总体水平较低,以村办、自办企业为主,主要有预制厂、农产品加工厂、养殖场等;库区内矿产资源贫乏,淹没区内无工矿企业;农作物以水稻、小麦为主,经济作物有蔬菜瓜果、油类作物、棉花、茶叶等;人均耕地平桥区为 1.42 亩,浉河区为 1.3 亩。

2.4　生态环境现状

出山店水库区域生态系统主要由森林、灌丛草地、农田、河流、村镇等生态系统类型组成。

(1)森林生态系统。主要分布在水库区西侧的低山或丘陵上,以马尾松、麻栎、栓皮栎等构成的针阔混交林为主,属于环境资源拼块,面积较小,连通程度不高,但对水库区西部环境质量有较强的动态控制功能。

(2)灌丛草地生态系统。主要分布于水库周边的丘陵和坡地上,属于森林生态系统和农田生态系统的过渡地带,是森林被破坏后逆向演替而成的生态系统类型,以禾本科、莎草科、菊科、百合科等植物为主,伴生有胡枝子、连翘、荆条等灌木种类,属环境资源拼块,连通程度较高,对防止丘陵区水土流失具有重要作用,对水库区环境质量有一定的动态控制功能。

(3)农田生态系统。广泛分布于水库区中部和东北部地区,是面积最大的生态系统类型,连通度高,对水库区环境质量具有重要的动态控制功能。

(4)河流生态系统。河流包括淮河干流及其多条支流,由于偶尔断流及采砂的影响,水生生物种类比较贫乏。

(5)村镇生态系统。零散分布于水库区域内,河流两侧比较集中,是人造拼块类型,自然生产能力和物理稳定性较低。

2.5　水土流失与水土保持

2.5.1　水土流失

信阳市水土流失以水力侵蚀为主要类型,主要分布区域为低山丘陵区及岗地区,侵蚀形式主要为面蚀、沟蚀。截至 2016 年,信阳全市现有水土流失总面积 2 305.70 km²,占全市总面积的 14.02%,其中轻度水利侵蚀面积 1 254.85 km²,占全市总水土流失面积的54.42%,主要分布在信阳南部山区,较为严重;中度水力侵蚀面积 691.87 km²,占全市总水土流失面积的 30.01%,商城、新县、罗山、光山、浉河区和平桥区为主要分布区域;强烈及以上水力侵蚀面积 358.98 km²,占全市总水土流失面积的 15.57%,商城、新县、光山、罗山、平桥区和浉河区是主要分布区域。信阳市土壤流失总量不大、分布广,强度不高、威胁大;水土流失危害主要有:破坏土地资源,影响农业生产;泥沙淤积,影响防洪安全;恶化生态环境,影响可持续发展;影响水土流失区人民生产生活质量提高。平桥区及浉河区水土流失情况见表 2-1。

表 2-1　平桥区与浉河区水土流失情况

行政区划	水土流失面积（hm²）	侵蚀程度				
		轻度（hm²）	中度（hm²）	强烈（hm²）	极强烈（hm²）	剧烈（hm²）
浉河区	30 672	15 092	7 265	6 700	1 612	3
平桥区	11 550	6 771	2 453	1 780	529	17
合计	42 222	21 863	9 718	8 480	2 141	20

注：表中数据截至 2016 年，依据信阳市 2013 年第一次水利普查成果调整取得。

2.5.2　水土保持

2.5.2.1　水土保持经验

中华人民共和国成立后特别是十一届三中全会以来，信阳市开展了大规模水土流失综合治理，生态效益、社会效益和经济效益显著，主要表现在：

（1）水土流失面积逐年减少，土壤侵蚀强度显著降低；截至 2016 年全市累计开展小流域综合治理 552 条，水土保持措施面积 6 805.8 km²，水土流失面积逐年减少，土壤侵蚀强度不断降低。

（2）林草植被覆盖逐步增加，生态环境明显趋好。通过以小流域为单元的水土保持综合治理，特别是山区和丘陵区封育保护、造林种草、退耕还林还草植被建设与恢复，林草植被面积大幅增加；截至 2016 年全市森林覆盖率达 36.10%，水土保持综合治理区林草覆盖率提高 20%～50%，生态环境明显好转。

（3）蓄水减沙与涵养水源能力日益增强。通过合理配置与建设梯田、水保林、塘堰坝等水土保持措施及小型水利水保工程，水土流失得到有效控制，蓄水保土能力得到提高，水土流失量明显减少；经统计测算全市现有水土保持措施每年可减少土壤流失量约 238.21 万 t，年增蓄水量 4 205.79 万 m³。

（4）治理区生产生活条件改善，农民收入大幅增长，对脱贫致富、稳定粮食生产作用显著。从实际出发，因地制宜，通过水土保持综合治理，把水土保持治理与资源开发及产业发展相结合，合理调整土地利用与农村产业结构，农业综合生产能力得到提高，农民收入显著增加；经统计测算全市已修建梯田 71.10 km²，年增产粮食约 10.92×10^4 t，农民人均纯收入提高 30% 以上。

2.5.2.2　水土保持问题

由于信阳地区水土流失面积分布范围广，成因复杂，水土流失治理还存在以下问题：

（1）全市水土流失依然严重，水土流失综合防治任务依然艰巨。全市仍有 2 305.70 km² 水土流失面积亟待治理，多处于山丘区、革命老区和老少边穷地区，治理任务重、难度大；生产建设项目重建设、轻生态、边治理边破坏现象严重，造成的人为新增水土流失尚未得到根本遏制。

（2）水土流失防治投入不能满足生态建设需求，水土保持投入机制有待完善。由于水土流失治理难度大、标准高，水土流失防治投入仍不能满足生态建设实际需求。

（3）水土保持监测和监管能力建设仍需加强。水土保持工程建设管理等制度不完善，水土保持监测及科技支撑体系不健全，综合监管亟待提高。

（4）新形势下面临新的挑战。新形势下"绿色"生态发展理念、新农村建设和扶贫开发等对水土保持提出更高要求，水土保持作为生态文明建设的重要组成部分，水土流失依然是当前面临的重大生态环境问题。

2.5.2.3　水土保持分区及特征

1. 水土保持类型区

根据《全国水土保持规划（2015～2030年）》和《信阳市水土保持规划（2017～2030年）》，出山店水库区域所处信阳市平桥区和浉河区在全国水土保持区属于一级区南方红壤区（Ⅴ）、二级区大别山-桐柏山山地丘陵区（Ⅴ-2）、三级区桐柏山大别山山地丘陵水源涵养保土区（Ⅴ-2-1ht）。

平桥区全境属四级区信阳市中部岗丘水源涵养保土区。

浉河区西南部所辖董家河、浉河港、谭家河、李家寨、柳林、十三里桥6个乡（镇）属四级区信阳市南部山地水源涵养区；所辖吴家店、游河2个乡（镇）及车站、民权、老城、五里墩、五星、湖东、金牛山、双井8个街道办事处属四级区信阳市中部岗丘水源涵养保土区。

2. 水土流失重点防治区

根据水利部《全国水土保持规划国家级水土流失重点预防区和重点治理区复核划分成果》（办水保〔2013〕188号）和《信阳市水土保持规划（2017～2030年）》，出山店水库区域所处信阳市平桥区和浉河区涉及桐柏山大别山国家级水土流失重点预防区。

平桥区所辖天目山自然保护区、震雷山风景名胜区、两河口湿地公园所涉及的范围，以及城阳城址保护区、兰店乡、王岗乡、高粱店乡和平昌关镇，属信阳市水土流失重点预防区。

浉河区所辖四望山自然保护区、南湾湖风景区、鸡公山管理区所涉及的范围，以及吴家店、游河、董家河、浉河港、柳林、谭家河6个乡（镇），属信阳市水土流失重点预防区。

平桥区所辖邢集、明港、查山、长台关、肖店、胡店、龙井、肖王、彭家湾、洋河、五里11个乡（镇），以及甘岸、五里店2个街道办事处，属信阳市水土流失重点治理区。

浉河区所辖四望山自然保护区、南湾湖风景区、鸡公山管理区所涉及的范围，以及吴家店、游河、董家河、浉河港、柳林、谭家河6个乡（镇），属信阳市水土流失重点治理区。

3. 水土流失易发区

水土流失易发区是山区、丘陵区、风沙区以外的容易产生水土流失的其他区域，简称其他水土流失易发区，主要包括山区、丘陵区和风沙区以外且海拔200 m以下、相对高差小于50 m，并符合下列条件之一的区域：涉及防风固沙、水质维护或人居环境维护功能的重要区域；涉及国家级水土流失重点预防区；土质疏松，砂粒含量较高，人为扰动后易产生风蚀的区域；年均降水量大于500 mm、一定范围内地形起伏度10～50 m的区域；河流两侧一定范围，具有岸线保护功能的区域；各级政府主体功能区规划确定的重要生态功能区；湿地保护区、风景名胜区和自然保护区等；具有一定规模的矿产资源集中开发区和经济开发区。

平桥区所辖平桥办事处及产业集聚区，属信阳市水土流失易发区。

浉河区所辖车站、民权、老城、五里墩、五星、湖东、金牛山、双井 8 个街道办事处及金牛物流产业集聚区,属信阳市水土流失易发区。

4. 信阳市中部岗丘水源涵养保土区

主要特征:该区域位于豫南山地以北,明港、寨河、固始连线以南,海拔 50 ~ 100 m,范围包括平桥区、罗山中北部、光山中北部、潢川中南部及息县南部,面积 7 024.6 km²,占全市总面积的 42.7%。区内梯田层层,河渠纵横,塘堰密布,水田如网,是信阳的粮食生产基地,森林覆盖率相对较低,水土流失以轻度水蚀为主,主要表现为面蚀。

主要生态环境问题:人口密度较大,人地矛盾突出,土地垦殖率高,生产建设活动较为频繁,加之土质松软,雨季暴雨较多,极易造成水土流失。

水土保持功能定位:水源涵养和土壤保持。

水土保持防治措施体系布局:在河流的两岸浅山垄岗地带营造水源涵养林和水土保持林,减缓水土流失;改造丘陵地带坡耕地和顺坡经济林地,在建设基本农田的基础上,发展木本油料等特色经济林产业;同时,要因地制宜地建设山塘和截、排、导为主的坡面径流调控工程。

5. 南部山地水源涵养区

主要特征:该区是由大别山、桐柏山构成的豫南山地,范围包括浉河区西南部、罗山南部、光山南部、新县和商城南部,土地面积 6 395.8 km²,占信阳全市总面积的 38.9%。区域内植被覆盖率高,水土流失较轻,以水蚀为主。

主要生态环境问题:林果业大力发展造成生态林面积减少,局部区域林种单一,水源涵养能力下降;农林生产及旅游观光等导致水源涵养压力增大,生物多样性保护受到威胁等。

水土保持功能定位:水源涵养。

水土保持防治措施体系布局:加大现有生态林封育保护力度,提高水源涵养能力,扩大退耕还林,封造并举,维护、重建森林生态系统,建立以水土保持林、水源涵养林为主体的生态安全维护屏障;开展清洁型和安全型小流域建设,增加水源涵养、控制泥沙和面源污染防治能力。

2.6　小　结

通过出山店水库及水库区域、信阳市成果资料查阅收集,并利用高分辨率遥感影像解译和通过现场调查,对出山店水库总体概况、工程等别及标准、水库移民安置、水库生态流量等工程情况,水库区域地形地貌、气象水文、土壤、植被等自然概况及矿产资源情况和平桥区、浉河区、水库区社会经济概况,水库区生态环境现状和水土流失、水土保持经验与问题、水土保持分区及特征等情况,进行了整理分析,获得了出山店水库区域土地利用、水土保持、生态环境等基础数据信息,为出山店水库水土保持弹性景观单元划分及指标体系的选择与构建奠定了基础。

第 3 章 研究方案

3.1 研究方案设计

研究依托河南省水利科技攻关计划项目,以出山店水库为对象,运用水土保持学、景观生态学等学科理论知识,以出山店水库规划建设翔实的工程资料、区域水土保持与生态环境等相关成果资料为基础,基于"3S"技术、研究区 DEM 数据及高分辨遥感影像和现场生态系统与水土流失调查获取研究所需土地利用、生态环境、水土流失、水土保持等数据信息;研究中引入弹性景观概念,以水土保持与生态景观为切入点,通过全面阐述水土保持与景观等基本概念与理论,结合出山店水库工程实际提出水土保持弹性景观基本概念,建立水土保持弹性景观功能基本理论;以土壤侵蚀发生发展自然封闭小流域(或小流域片)为单元划分出山店水库大坝上游库区及两岸基本景观单元,通过"3S"技术与高分辨率遥感影像获取景观单元内部景观要素和土壤侵蚀影响因子,围绕弹性以水土保持功能、生态保护功能、生态生产功能为基础指标进行出山店水库水土保持弹性景观功能指标体系构建与因子筛选;依据景观生态学静态研究理论思想和中性模型原理,通过出山店水库土地利用动态演变分析、生态脆弱性评价、水土保持生态系统服务功能计算以及水土保持弹性景观单元内景观要素基本景观特征计算分析,建立弹性模型对出山店水库水土保持弹性景观功能进行分析评价,为构建出山店水库水土保持弹性景观结构奠定基础。

3.2 研究方法

3.2.1 数据处理

3.2.1.1 遥感影像数据信息

1. 高分二号遥感影像数据

高分二号(GF-2)光学遥感陆地观测卫星,是中国首颗空间分辨率优于 1 m 的民用卫星,搭载两台 1 m 全色、4 m 多光谱高分辨率相机,分辨率全色达到 0.81 m、多光谱达到 3.2 m,具有亚米级空间分辨率、高定位精度和快速姿态机动能力等特点。

采用 2018 年 GF-2 夏态时相 2 m 分辨率真彩色融合影像,利用 ArcGIS 软件进行人机交互解译和野外调查验证,获取出山店水库研究区 2018 年土地覆被及景观要素等基础信息数据。

2. Landsat 遥感影像数据

美国 NASA 陆地卫星(Landsat)从 1972 年 7 月 23 日至今已发射 8 颗。

研究采用 30 m 分辨率 Landsat TM 、Landsat OLI 夏态时相遥感影像,利用 ERDAS

IMAGE和ArcGIS软件,通过人机交互解译和野外调查验证,获取2000年、2005年、2010年、2015年出山店水库研究区不同年份耕地、林地、草地、建设用地、水域和未利用地基础信息数据。

3.2.1.2　DEM数据

利用研究区全要素地形图和GF-2遥感影像,利用"3S"技术获得研究区1:5万DEM数据,进一步利用DEM数据获取研究区自然流域沟道特征、景观单元地形特征等水土保持方面基础数据信息。

3.2.1.3　**资料数据**

通过资料收集、查阅,获取研究对象出山店水库工程设计、水文、施工、运行、管理、环境影响等工程资料数据,以及研究区域自然条件、土地利用、土壤侵蚀、水土流失、水土保持、社会经济、生态环境等资料数据。

3.2.1.4　**调查数据**

结合遥感影像解译野外验证,通过现场调查获取研究区土地利用、土壤侵蚀、生态群落与生态系统、生物量等特征数据。

3.2.2　研究方法

运用水土保持学、景观生态学等学科理论,利用研究区基础数据信息资料,在"3S"技术支持下进行出山店水库水土保持弹性功能研究,主要研究方法如下。

3.2.2.1　**水土保持弹性景观单元划分**

利用研究区GF-2遥感影像、1:5万DEM等基础数据信息,基于"3S"技术,根据《小流域划分及编码规范》(SL 653—2013),以水土流失发生发展自然封闭小流域(最小自然汇流面积大于5 km²)或小流域片(若干条自然汇流面积均小于5 km²且连在一起成片)为单元,对出山店水库大坝上游库区及淮河干流两侧入库区、入淮河干流的支流进行划分,到库区上游第一条自然汇流面积大于100 km²入淮河干流的支流,划分的每一条小流域或小流域片为一个水土保持弹性景观单元,水库92 m水位库区水面范围作为一个水土保持弹性景观单元。

以划分的水土保持弹性景观单元为单元,以耕地、林地、草地、建设用地、水域和未利用六类地土地覆被特征为要素,利用GF-2遥感影像、1:5万DEM等基础数据信息,基本"3S"技术人机交互解译及现场调查验证,获得水土保持弹性景观单元内全部景观要素特征数据信息。

3.2.2.2　**土地利用景观动态演变分析**

利用遥感影像等基础数据信息,对研究区2000年、2005年、2010年、2015年、2018年土地利用类型单元组成、数量、空间分布与配置的格局时空变化,基于"3S"技术进行不同时期的遥感影像与土地利用地理计算及空间分析,构建单一型动态度、综合型动态度、Marcov转移矩阵等模型,定量分析土地利用结构时空变化过程,揭示土地利用动态变化规律。

3.2.2.3　**生态脆弱性评价**

基于"3S"技术支持,结合研究区实际情况构建生态脆弱性评价指标体系,基于数理统计原理对所选指标空间进行主成分分析(PCA),以累积贡献率权重确定主成分指标,进行生态脆弱性指数(EVI)计算和标准化处理;按照分级赋值方法,结合研究区土地利用特征对生态脆弱性指标量化赋值,构建模型并综合各评价指标对生态脆弱性影响进行评价,计算生态脆弱性指数(EVI),对研究区生态脆弱性状态进行定量化反映。

3.2.2.4 水土保持生态系统服务功能计算

运用生态系统生态服务价值等基本理论,参考《森林生态系统服务功能评估规范》(LY/T 1721—2008)等规定,利用生态系统服务功能经济价值直接市场法(包括费用支出法、市场价值法、机会成本法、恢复和防护费用法、影子工程法、人力资本法等)、替代市场法(包括旅行费用法和享乐价格法等)、模拟市场价值法等分析计算方法,从物质量与价值量两个层面定量进行研究区包括林地生态系统、草地生态系统、耕地生态系统和水域生态系统的地表生态系统服务功能价值计算分析。

3.2.2.5 水土保持弹性景观功能分析评价

在"3S"技术支持下,运用景观要素特征理论方法对研究区及弹性景观单元的景观要素特征以及景观异质性特征进行分析;基于通用土壤流失方程 USLE 降雨侵蚀力因子 R、地形因子 LS、土壤可蚀性因子 K、植被覆盖和经营管理因子 C 等土壤侵蚀影响因子分析景观要素水土保持功能,基于林地覆盖率、水域保护率、水土保持率、自然保护地面积比例、重点生物物种保护数分析弹性景观单元生态保护功能,基于净第一性生产力分析弹性景观单元生态生产功能,并以水土保持功能、生态保护功能、生态生产功能进行水土保持弹性景观功能指标体系构建与因子筛选,利用研究区土地利用动态演变分析、生态脆弱性评价、水土保持生态系统服务功能价值计算和水土保持弹性景观单元内景观要素景观特征计算分析结果,运用景观生态静态研究理论思想和中性模型原理建立弹性模型对出山店水库水土保持弹性景观功能进行分析评价。

3.3 研究技术路线

研究以出山店水库为对象,运用水土保持学、景观生态学等学科理论方法,充分利用出山店水库建设翔实的基础资料、水土保持与生态环境等成果资料,引入弹性景观概念,通过文献查阅分析归纳提出水土保持弹性景观基本概念,建立水土保持弹性景观功能基本理论;基于"3S"技术、DEM 等基础数据信息及现场调查,划分出山店水库研究区水土保持弹性景观单元并获取景观要素数据信息;通过土地利用动态演变分析、生态脆弱性评价、水土保持生态系统服务功能价值计算、水土保持弹性景观单元内景观要素基本景观特征计算分析与水土保持弹性景观功能指标体系构建与因子筛选,依据景观生态学静态研究理论思想和中性模型原理建立弹性模型对出山店水库水土保持弹性景观功能进行分析评价。具体研究技术路线如下,技术路线图见图3-1。

第一步,通过出山店水库工程建设水土流失与水土保持跟踪调查和研究探讨,提出具有理论意义和应用价值的相关问题。

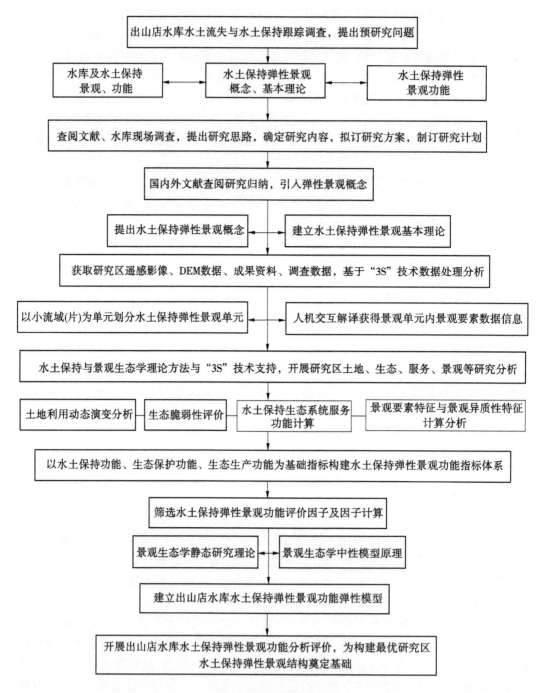

出山店水库水土流失与水土保持跟踪调查，提出预研究问题

水库及水土保持
景观、功能 ← 水土保持弹性景观
概念、基本理论 → 水土保持弹性
景观功能

查阅文献、水库现场调查，提出研究思路，确定研究内容，拟订研究方案，制订研究计划

国内外文献查阅研究归纳，引入弹性景观概念

提出水土保持弹性景观概念 ← 建立水土保持弹性景观基本理论

获取研究区遥感影像、DEM数据、成果资料、调查数据，基于"3S"技术数据处理分析

以小流域(片)为单元划分水土保持弹性景观单元 ← 人机交互解译获得景观单元内景观要素数据信息

水土保持与景观生态学理论方法与"3S"技术支持，开展研究区土地、生态、服务、景观等研究分析

土地利用动态演变分析 ← 生态脆弱性评价 ← 水土保持生态系统服务
功能计算 → 景观要素特征与景观异质性特征
计算分析

以水土保持功能、生态保护功能、生态生产功能为基础指标构建水土保持弹性景观功能指标体系

筛选水土保持弹性景观功能评价因子及因子计算

景观生态学静态研究理论 ← 景观生态学中性模型原理

建立出山店水库水土保持弹性景观功能弹性模型

开展出山店水库水土保持弹性景观功能分析评价，为构建最优研究区
水土保持弹性景观结构奠定基础

图 3-1　研究技术路线

　　第二步,通过查阅文献、总结并分析研究现状和对出山店水库现场调查提出具体研究思路,确定研究内容,拟订研究方案,制订研究计划。

　　第三步,通过文献查阅归纳,结合出山店水库水土保持与生态环境实际,引入弹性景观概念,提出水土保持弹性景观概念,建立水土保持弹性景观功能基本理论。

第四步,收集出山店水库工程相关成果资料、控制流域范围地形图、DEM 数据、土地利用图、土壤图、土壤属性数据、水文气象、生态植被、水土保持措施、社会经济及高分辨率遥感数据,基于"3S"技术和现场调查,以水土流失发生发展自然封闭小流域或小流域片为单元划分出山店水库水土保持弹性景观单元,同时解译获得景观单元的景观要素数据信息,以及土壤侵蚀影响因子数据信息。

第五步,基于研究区与水土保持弹性景观单元,在"3S"技术支持下,进行土地利用动态演变分析、生态脆弱性评价、水土保持生态系统服务功能价值计算、水土保持弹性景观单元内景观要素基本景观特征计算分析。

第六步,围绕弹性功能以水土保持功能、生态保护功能、生态生产功能为基础指标进行出山店水库水土保持弹性景观功能指标体系构建与因子筛选;运用景观生态学静态研究理论思想和中性模型原理建立弹性模型,开展出山店水库水土保持弹性景观功能分析与评价。

3.4　难点及解决办法

(1)出山店水库水土保持弹性景观单元划分和景观要素获取。

出山店水库控制流域面积超过 2 900 km²,水土保持弹性景观单元划分的范围、标准、方法,以及弹性景观单元内景观要素的分类、遥感影像分辨率及与水土保持相关性,是水土保持弹性功能指标体系构建与因子筛选、分析评价水土保持弹性景观功能的关键基础,如何划分出山店水库水土保持弹性景观单元并获取景观要素数据信息,是本研究需要解决的关键问题和技术难点。

解决方法:按照水力侵蚀水土流失以自然封闭小流域或小流域片为单元发生发展的特点,综合考虑水库蓄水运行后库区对土壤侵蚀基准抬高对水土流失的影响,根据出山店水库相关成果资料,利用研究区高分辨率遥感影像、DEM 等基础数据信息,基于"3S"技术支持,以出山店水库大坝上游库区两侧至库区上游入淮河干流第一条流域面积大于 100 km² 的支流,以流域面积大于 5 km² 的自然小流域和流域面积小于 5 km² 的小流域片为单元划分水土保持弹性景观单元。利用 2018 年 GF - 2 夏态时相 2 m 分辨率真彩色融合遥感影像,在 GIS 支持下,以耕地、林地、草地、水域、建设用地、未利用地六类土地利用被覆为基本景观要素类型,通过人机交互解译及现场调查验证,获取研究区弹性景观单元内景观要素数据信息,以及土壤侵蚀相关数据信息。

(2)建立出山店水库水土保持弹性景观功能指标体系与弹性模型。

利用水土保持弹性景观单元与景观要素数据信息,围绕水土保持与弹性功能,构建水土保持弹性景观功能指标体系与筛选因子,建立弹性模型进行出山店水库水土保持弹性景观功能分析评价,是本研究需要解决的关键核心问题与技术难点。

解决方法:在水土保持弹性景观单元划分基础上,对研究区进行土地利用动态演变分析、生态脆弱性评价、水土保持生态系统服务功能价值计算、水土保持弹性景观要素基本景观特征计算分析,根据计算分析结果,基于通用土壤流失方程 USLE 降雨侵蚀力因子 R、地形因子 LS、土壤可蚀性因子 K、植被覆盖度和经营管理因子 C 等土壤侵蚀影响因子分析景观要素水土保持功能,以弹性景观单元水土保持功能、生态保护功能、生态生产功能为基础指标,以弹性功能为目标进行水土保持弹性景观功能指标体系构建与因子筛选,围绕景观功能弹性运用景观生态静态研究理论思想和中性模型原理建立弹性模型对出山店水库水土保持弹性景观功能进行分析评价。

3.5　小　结

本章在研究总体方案阐述基础上,主要对研究的遥感数据、DEM 数据、资料数据与调查数据等数据来源、处理、应用,以及对水土保持弹性景观单元划分、土地利用动态演变分析、生态脆弱性评价、水土保持生态服务功能价值计算、水土保持弹性景观要素景观特征和水土保持弹性景观功能计算分析等主要研究方法概括梳理,制定研究技术路线、绘制流程图,并对研究过程中遇到的难点提出解决办法。

第 4 章　水土保持弹性景观功能基本概念与基本理论

4.1　水土保持弹性景观相关概念

4.1.1　水土保持

　　由水力、风力、重力、冻融等外力作用造成水土流失的问题关键是水的损失和土的流失，二者相互作用、共同发生发展，形成良性或恶性循环；蓄水保土是防治水土流失的根本，也是水土保持的核心目标。水力侵蚀是发生范围最广、程度最严重、危害最大的水土流失形式，与土壤、地形、植被、降水密切相关；出山店水库所处区域水土流失以水力侵蚀为主，程度以轻度侵蚀为主，局部地区存在中度及中度以上程度侵蚀。

　　水土流失(Soil and water loss)已成为我国头号生态环境问题，客观环境十分需要实施水土保持，以保护土地资源、利用降水资源、建设与改善区域生态环境、减少江河湖库泥沙淤积等。

　　水土保持（Soil and water conservation）是防治水土流失和建立良好生态环境的事业，保持的对象是土资源(主要为土地资源、土壤资源)和水资源，保持的内涵是水土资源保护、改良、合理利用，保持的途径是采取工程、林草和农业技术等水土保持措施，保持的目标是蓄水保土。水土保持措施(Soil and water conservation measures)是为防治水土流失、保护、改良、合理利用水资源与土地资源而采取的农业技术、林草和工程等措施的总称。水土保持工程措施（Engineering measures of soil and water conservation）是为防治水土流失，应用工程原理修建的山坡水土保持工程、沟道治理工程、山洪及泥石流排导工程和小型蓄水供水工程。水土保持林草措施（Tree and grass planting for soil and water conservation）是在水土流失地区采取的造林种草、封山育林育草等措施。水土保持农业技术措施（Agrotechnical measures for soil and water conservation）是保水、保土、保肥、改良土壤、提高产量的农业技术方法。

　　综上所述，水土保持首先是防治水土流失，保护水土资源，其次是人为实施的技术和措施，再次是合理利用水土资源，再者是提高生产力、保护与改善生态环境，最终实现社会经济发展与环境保护和谐发展。从防治水土流失角度，水土流失地区的天然林地、天然草地、天然水体等未经人类活动投入的自然土地覆被，以及城镇村庄、交通道路等人为实施但目的不为防治水土流失的社会经济基础设施，均具有防治水土流失的功能。

4.1.2　景观与弹性

4.1.2.1　景观

景观(Landscape)概念有狭义与广义,研究基于狭义景观概念,即一般在几平方千米至数百平方千米范围内由不同类型生态系统按照不同空间组织方式组成的具有异质性的空间地理单元。生态学系统、兼具自然与文化特征的地域空间实体、异质生态系统镶嵌体、人类活动与生存的基本空间是景观的基本特征。景观具有生产、生态、社会公益、美学、栖息、净化等多种功能。

作为异质性生态系统空间镶嵌体,相互作用、性质不同的生态系统称为景观要素(Landscape element),根据不同的生态学、地理学性质,景观要素类型主要有森林、草地、灌丛、河流、湖泊、水库、农田、村庄、道路等。

针对出山店水库研究区,水土流失以水力侵蚀为主,以降雨径流汇水系统完整的自然封闭小流域为单元发生发展,每一条小流域就是一个水土保持景观单元(Landscape unit of soil and water conservation),小流域内部防治水土流失人为实施的造林、种草、梯田、沟道工程、道路工程等水土保持措施,人类生活生产的城镇村庄、交通道路等具有防治水土流失的社会经济基础设施,天然存在的天然林地、天然草地、天然水域等自然土地覆被,每一项水土保持措施、每一种社会经济基础设施、每一类自然土地覆被均是一类水土保持景观要素(Landscape elements of soil and water conservation)。

4.1.2.2　弹性景观

弹性(Resilience)亦称恢复性(Elasticity),指当物体在受到外力作用时发生变形、除去外力作用时能恢复原来形状的性质,弹性概念在所有具有因果关系的变量之间都可以应用,在物理学、数学、化学、地理学、生态学、经济学、社会学、城市学等学科领域均有应用。

生态学中,生态弹性(Ecological Elasticity)是生态系统在受到外界干扰,偏离平衡状态后表现出自我维持、自我调节以及抵抗外界各种压力与扰动的能力。生态弹性可缓解外界各种压力与干扰破坏而保持系统不崩溃,还可最大限度保障资源与环境承载力正常作用与功能的发挥。

景观生态学中,弹性是景观稳定性(Landscape stability)的概念表达之一,指生态系统具有的缓冲干扰并仍保持在一定阈限之内的能力;包括两方面含义:一是生态系统保持自身原有状态的能力,即景观抗干扰能力;二是生态系统在受到干扰后回归到其原有状态的能力,即景观恢复能力。构成景观的基本要素是否具有再生能力是判定景观是否具有弹性的重要特征之一。

弹性景观(Resilient Landscapes)是近年来景观规划设计中引入的新概念,是指面对自然灾害时具有应变能力、且在遭受破坏性自然灾害后能够迅速恢复到原有状态的景观。构成弹性景观的生态系统忍受干扰而不至崩溃,其要旨是自然和谐相处,不反抗自然,景观才能更富弹性。

4.1.3　水土保持弹性景观

本研究所称水土保持不仅包括人为实施治理水土流失的水土保持农业技术措施、林草措施、工程措施,还包括具有防治水土流失功能的城镇村庄、交通道路等社会经济基础设施和天然林地、天然草地、天然水域等自然土地覆被,这些均是构成水土保持景观的基本景观要素。

水土保持景观(Landscape of soil and water conservation)就是在水土流失发生发展的完整的自然封闭范围内,由人为实施及天然存在的具有防治水资源与土地资源损失的各类土地利用被覆及其他被覆土地共同构成的景观。

水土保持弹性景观(Resilient landscape of soil and water conservation)指面对土壤侵蚀自然外营力及人为活动破坏性干扰后能够自然恢复到原有状态和防治水资源与土地资源损失基本水土保持功能的水土保持景观;主要由水土保持林地弹性景观、草地弹性景观、耕地弹性景观、水域弹性景观等基本景观要素组成。

4.2　水土保持弹性景观功能基本理论

功能(Function)为汉语词语,是指某种事物或某种方法所发挥的有利作用;通常也指效能,即某种事物本身所蕴藏的有利作用。

水土保持功能(Soil and water conservation Function)指陆地表面各类水土保持系统所发挥或蕴藏的有利于蓄水保土、保护生态环境、提高土地生产力的作用;涵养水源、生物及土地生产力、保持土壤是水土保持功能的重要指标。

景观功能(Landscape function)是景观与周围环境进行物质、能量、信息交换和景观内部发生各种变化以及所表现出来的性能;是景观结构单元之间和景观结构与生态学过程之间的相互关系,是养分流、水流、土壤流等景观功能的重要部分。

水土保持景观功能(Landscape function of soil and water conservation)是水土保持景观范围内各基本景观要素内部和要素之间在涵养水源、土壤保持、提高生产力等方面所发挥或蕴藏的有利作用。

水土保持弹性景观功能(Resilient landscape function of soil and water conservation)就是在受到土壤侵蚀自然外营力及人为活动干扰破坏时水土保持弹性景观所发挥或蕴藏的水土保持、保护生态、生态生产功能最大有利作用以及能够恢复到原有状态的最小有利作用。

综上阐述,提出水土保持弹性景观功能基本理论的内涵:在水土流失发生发展自然封闭范围内,由不同类型具有防治水资源与土资源损失的水土保持基本功能的工程、耕地、林草、水域等具有弹性功能基本景观要素构成的水土保持弹性景观;在受到土壤侵蚀自然外营力及人为活动干扰破坏时,水土保持景观功能随干扰破坏程度增大发挥到最大弹性阈值;当干扰破坏超过水土保持景观系统最大稳定程度时其景观功能完全丧失;当干扰破坏结束后,水土保持景观能恢复到原有状态时的最小弹性阈值。水土保持弹性景观功能与区域水土流失类型、侵蚀程度、水土流失影响因子有关,与水土保持弹性景观要素空间格局、斑块、异质性等基本特征有关。

　　水土保持弹性景观功能理论可以用来分析评价区域水土保持与景观生态系统结构的合理性与稳定性并为结构调整提供依据,为水土保持治理规划和景观生态保护提理论基础。水土保持弹性景观功能基本理论内涵结构见图4-1。

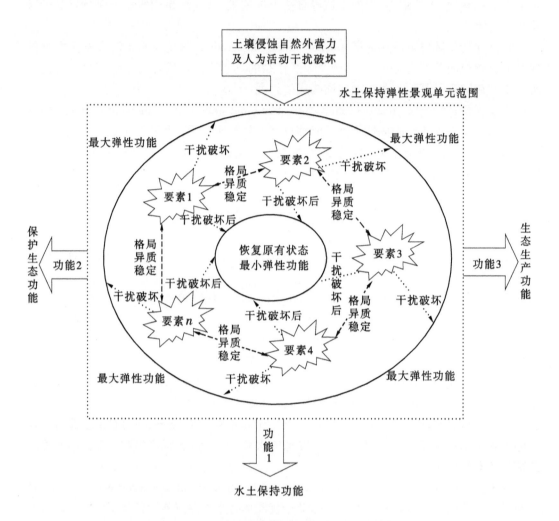

图4-1　水土保持弹性景观功能基本理论内涵结构

4.3　小　结

　　本章通过水土流失、水土保持 、水土保持措施(工程措施、林草措施、农业技术措施)基本概念阐述,从防治水土流失角度提出水土流失地区自然土地覆被、社会经济基础设施都具有防治水土流失功能;通过景观、景观要素基本概念阐述,提出水土流失发生发展的自然封闭小流域是水土保持景观基本单元,其内部的水土保持措施、社会经济基础设施、自然土地覆被是水土保持景观要素;通过弹性、生态弹性、弹性景观等基本概念阐述,提出水土保持景观、水土保持弹性景观基本概念;通过功能、水土保持功能、景观功能等基本概念阐述,提出水土保持景观功能、水土保持弹性景观功能基本概念;在此基础上阐述水土保持弹性景观功能基本理论内涵。

第5章　水土保持弹性景观功能单元划分与景观要素

5.1　出山店水库水土保持弹性景观单元划分

利用研究区 GF−2 遥感影像(2 m 分辨率真彩色融合影像)(见图 5-1)、1∶5万 DEM 等基础数据信息(见图 5-2),基于"3S"技术进行出山店水库水土保持弹性景观单元划分。

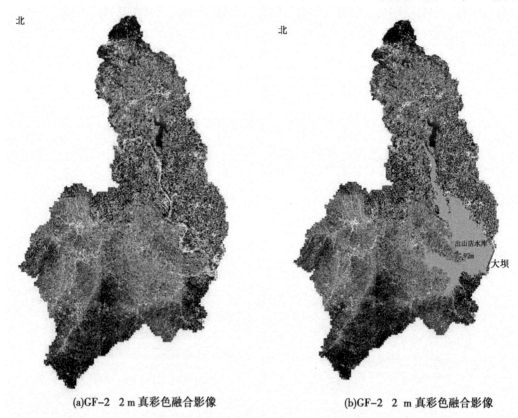

北

(a)GF–2　2 m 真彩色融合影像　　　　　　　(b)GF–2　2 m 真彩色融合影像

图 5-1　出山店水库研究区 GF−2 遥感影像

5.1.1　出山店水库水土保持弹性景观单元划分原则

出山店水库水土保持弹性景观单元按照以下原则进行划分:

(1)参考《小流域划分及编码规范》(SL 653—2013),以入水库库区及淮河干流自然封闭小流域及小流域片为单元划分水土保持弹性景观单元。

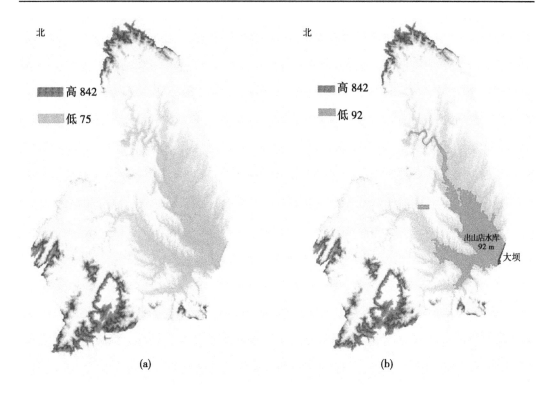

图 5-2　出山店水库研究区 DEM 数据

（2）以出山店水库 20 年一遇 92 m 水位时水面为库区范围划分入库水土保持弹性景观单元。

（3）出山店水库 20 年一遇 92 m 水位库区水面范围划为一个水土保持弹性景观单元。

（4）出山店水库水土保持弹性景观单元划分自 92 m 水位库区两侧和库区上游淮河干流两侧至第一条入淮干流自然流域面积大于 100 km² 的支流。

（5）上述范围内每一条自然流域面积大于 5 km² 的支流划分为一个水土保持弹性景观单元，两个单元之间自然流域面积小于 5 km² 的几条支流以小流域片划分为一个水土保持弹性景观单元。

研究区涉及信阳市平桥区、浉河区部分村镇，面积 95 809.41 hm²。

5.1.2　出山店水库水土保持弹性景观单元划分步骤

基于 ArcGIS 技术支持，利用研究区 1∶5 万 DEM 数据，按照出山店水库水土保持弹性景观单元划分原则，具体划分步骤如下：

第一步：首先在 DEM 数据上确定出山店水库大坝在淮河干流上的准确位置，从大坝开始向上游绘出淮河干流河道走向，同时绘出水库大坝控制上游自然流域界线，示意图例见图 5-3。

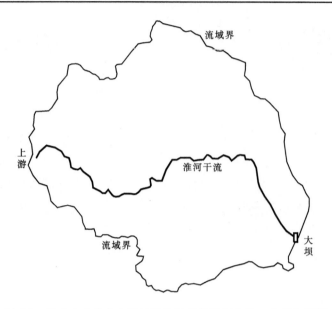

图5-3　出山店水库水土保持弹性景观单元划分第一步示意图例

　　第二步:从大坝沿淮河干流向上游,在DEM上绘出直接汇入淮河干流的两岸支流,同时绘出每条支流的次级支沟,利用ArcGIS量出每条支流的主沟长度、次级支沟长度,每条支流上游最高高程、下游最低高程,示意图例见图5-4。

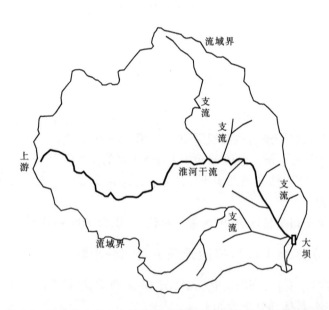

图5-4　出山店水库水土保持弹性景观单元划分第二步示意图例

　　第三步:从大坝向上游绘出出山店水库蓄水后库区水面范围,水库蓄水位高程以20年一遇洪水位92 m为界,示意图例见图5-5。

　　第四步:在DEM上绘出直接汇入92 m库区两岸的每条支流自然流域界和库区上游淮河干流两岸第一条流域面积大于100 km²的支流自然流域界,绘出的每一条支流小流

图 5-5　出山店水库水土保持弹性景观单元划分第三步示意图例

域或小流域片为一个水土保持弹性景观单元,利用 ArcGIS 量出每个水土保持弹性景观单元面积(92 m 水位库区面积)、平均坡度等,示意图例见图 5-6。

图 5-6　出山店水库水土保持弹性景观单元划分第四步示意图例

5.1.3　出山店水库水土保持弹性景观单元划分结果

按照水土保持弹性景观单元划分原则与划分步骤,利用出山店水库研究区 1:5DEM 数据,在 ArcGIS 技术支持下,出山店水库研究区总面积 95 809.41 hm²,共划分为 33 个水土保持弹性景观单元(其中出山店水库 92 m 水位库区为一个单元),结果见图 5-7 ~ 图 5-8 和表 5-1。

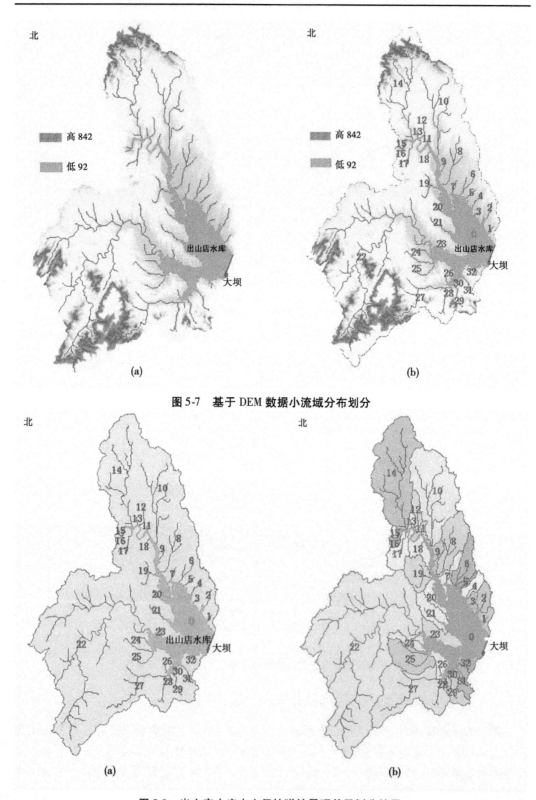

图 5-7　基于 DEM 数据小流域分布划分

图 5-8　出山店水库水土保持弹性景观单元划分结果

表 5-1　出山店水库水土保持弹性景观单元划分结果

单元位置	单元编号	单元面积(hm²)	单元位置	单元编号	单元面积(hm²)
库区	0	8 160.29	右岸	16	292.43
左岸	1	632.92	右岸	17	1 557.31
左岸	2	948.81	右岸	18	1 213.80
左岸	3	498.46	右岸	19	1 984.00
左岸	4	838.03	右岸	20	814.30
左岸	5	366.60	右岸	21	1 610.10
左岸	6	1 802.47	右岸	22	33 197.02
左岸	7	927.97	右岸	23	1 460.86
左岸	8	3 256.74	右岸	24	910.62
左岸	9	605.94	右岸	25	2 866.84
左岸	10	8 610.91	右岸	26	753.54
左岸	11	481.60	右岸	27	7 937.84
左岸	12	796.87	右岸	28	123.78
左岸	13	259.59	右岸	29	1 098.61
左岸	14	9 869.64	右岸	30	165.29
左岸	15	205.95	右岸	31	966.71
			右岸	32	593.57
合计	左岸个数:15	左岸面积 30 102.5	合计	右岸个数:17	右岸面积:57 546.62
总计	单元总数	33	单元总面积		95 809.41

根据出山店水库水土保持弹性景观单元划分结果,在 1∶5 DEM 上利用 ArcGIS 统计每个单元与水土流失相关的小流域基本特征,结果见表 5-2。

表 5-2　出山店水库水土保持弹性景观单元小流域基本特征

景观单元编号	单元面积（hm²）	单元平均坡度（°）	主沟道长度（km）	主沟道最高点高程(m)	主沟道最低点高程(m)	主沟道高差（m）	纵比降（‰）	沟道总长（km）	沟壑密度（km/km²）
0	8 160.29								
1	632.92	1.79	1.15	99	92	7	6.08	1.15	0.18
2	948.81	1.78	3.13	111	92	19	6.07	3.13	0.33
3	498.46	1.05	0.81	97	92	5	6.14	0.81	0.16
4	838.03	1.21	2.65	101	92	9	3.39	2.65	0.32
5	366.60	0.88	2.57	107	92	15	5.83	2.57	0.70
6	1 802.47	1.11	5.17	105	92	13	2.51	7.82	0.43
7	927.97	0.92	2.40	98	92	6	2.50	2.40	0.26
8	3 256.74	1.45	9.84	115	92	23	2.34	14.64	0.45
9	605.94	1.02	1.85	96	92	4	2.17	1.85	0.30
10	8 610.91	2.25	15.64	148	92	56	3.58	36.90	0.43
11	481.60	2.62	1.40	106	92	14	10.03	1.40	0.29
12	796.87	1.73	3.54	113	92	21	5.94	3.54	0.44
13	259.59	2.07	1.34	110	92	18	13.43	1.34	0.52
14	9 869.64	6.15	20.18	300	92	208	10.31	41.52	0.42
15	205.95	1.99	1.70	93	92	1	0.59	1.70	0.83
16	292.43	3.04	1.10	104	92	12	10.90	1.10	0.38
17	1 557.31	3.85	5.10	115	92	23	4.51	6.10	0.39
18	1 213.80	3.32	1.23	109	92	17	13.82	1.23	0.10
19	1 984.00	3.12	4.23	110	92	18	4.25	6.80	0.34
20	814.30	2.89	2.01	108	92	16	7.95	2.01	0.25
21	1 610.10	2.21	4.33	109	92	17	3.93	4.33	0.27
22	33 197.02	6.29	33.58	127	92	35	1.04	120.17	0.36
23	1 460.86	2.22	1.46	102	92	10	6.84	1.46	0.10
24	910.62	1.73	2.46	101	92	9	3.65	2.46	0.27
25	2 866.84	2.80	6.07	111	92	19	3.13	10.76	0.38
26	753.54	2.15	1.42	103	92	11	7.73	1.42	0.19
27	7 937.84	7.62	15.71	221	92	129	8.21	27.32	0.34
28	123.78	6.37	1.06	120	92	28	26.44	1.06	0.86
29	1 098.61	8.25	4.55	123	92	31	6.81	4.55	0.41
30	165.29	2.68	0.45	98	92	6	13.48	0.45	0.27
31	966.71	7.10	3.79	128	92	36	9.50	3.79	0.39
32	593.57	4.90	0.87	103	92	11	12.68	0.87	0.15

5.2　出山店水库水土保持弹性景观要素

根据出山店水库水土保持弹性景观单元划分结果，在 ArcGIS 技术支持下将 2018 年夏态时相 2 m 分辨率 GF-2 真彩色融合遥感影像与 1:5万 DEM、出山店水库水土保持弹性景观单元划分结果进行镶嵌套合，以耕地、林地、草地、建设用地、水域和未利用地六类地土地覆被特征为构成水土保持弹性景观单元的基本景观要素，以水土保持弹性景观单元为单元，基于"3S"技术人机交互解译及现场调查验证，对出山店水库水土保持弹性景观单元内各类景观要素数据信息进行提取、统计，共获得各类景观要素图斑 16 686 个、图斑总面积 95 809.41 hm²，其中耕地图斑 2 111 个、面积 38 574.73 hm²，林地图斑 2 917 个、面积 34 696.11 hm²，草地图斑 605 个、面积 1 770.42 hm²，水域图斑 6 967 个、面积 12 538.65 hm²，建设用地图斑 3 491 个、面积 7 078.28 hm²，未利用地图斑 595 个、面积 1 151.21 hm²；同时，对出山店水库每个水土保持弹性景观单元内的每类景观要素图斑周长、最大最小图斑周长、最大最小图斑面积等数据信息进行统计分析，结果见表 5-3 ~ 表 5-6 和图 5-9。

表 5-3 出山店水库水土保持弹性景观单元景观要素

单元位置	景观要素类型	图斑总数（个）	图斑周长（m）	图斑面积（hm²）	图斑最大周长（m）	图斑最大面积（m²）	图斑最小周长（m）	图斑最小面积（m²）
库区	水域	1	178 501.13	8 101.39	178 501.13	81 895 898.73	178 501.13	81 895 898.73
	建设用地	1	7 742.05	58.89	7 742.05	588 905.89	7 742.05	588 905.89
	小计	2	186 243.18	8 160.28				
库区左岸区域	耕地	327	2 445 746.86	18 276.15	509 670.31	46 507 862.62	87.28	326.47
	林地	976	967 161.67	4 861.70	97 588.53	15 277 292.97	55.36	210.16
	草地	111	150 755.31	594.56	13 663.76	709 195.10	112.37	463.70
	水域	2 235	819 609.29	2 000.59	24 069.68	5 146 207.07	56.22	202.86
	建设用地	1 303	1 087 165.46	3 661.51	22 951.54	1 890 104.87	52.30	200.54
	未利用地	309	206 633.63	707.99	15 791.27	1 935 330.22	66.03	223.91
	小计	5 261	5 677 072.22	30 102.50				
库区右岸区域	耕地	1 784	4 942 303.66	20 298.58	232 268.68	13 402 645.81	75.66	237.70
	林地	1 941	4 427 937.15	29 834.41	398 411.50	40 275 806.34	57.42	183.87
	草地	494	412 549.48	1 175.87	24 507.17	967 166.23	78.97	204.43
	水域	4 731	1 350 306.08	2 436.66	34 917.64	1 315 841.92	55.34	203.28
	建设用地	2 187	1 144 289.79	3 357.88	139 518.26	1 972 229.24	55.51	202.76
	未利用地	286	205 731.44	443.23	10 831.11	270 838.08	59.42	234.02
	小计	11 423	12 483 117.60	57 546.63				
研究区	耕地	2 111	7 388 050.52	38 574.73	509 670.31	46 507 862.62	75.66	237.70
	林地	2 917	5 395 098.82	34 696.11	398 411.50	40 275 806.34	55.36	183.87
	草地	605	563 304.79	1 770.42	24 507.17	967 166.23	78.97	204.43
	水域	6 967	2 348 416.51	12 538.65	178 501.13	81 895 898.73	55.34	202.86
	建设用地	3 491	2 239 197.30	7 078.28	24 507.17	1 890 104.87	52.30	200.54
	未利用地	595	412 365.07	1 151.21	15 791.27	1 935 330.22	59.42	223.91
	合计	16 686	18 346 433.01	95 809.41				

表5-4　0号景观单元与景观要素

景观要素类型	图斑总数（个）	图斑周长（m）	图斑面积（hm²）	图斑最大周长（m）	图斑最大面积（m²）	图斑最小周长（m）	图斑最小面积（m²）
水域	1	178 501.13	8 101.39	178 501.13	8 189.59	178 501.13	8 189.59
建设用地	1	7 742.05	58.89	7 742.05	58.89	7 742.05	58.89
合计	2	186 243.18	8 160.28				

表5-5　1号景观单元与景观要素表

景观要素类型	图斑总数（个）	图斑周长（m）	图斑面积（hm²）	图斑最大周长（m）	图斑最大面积（m²）	图斑最小周长（m）	图斑最小面积（m²）
耕地	2	65 508.63	466.65	60 705.90	4 391 714.92	4 802.72	274 765.56
林地	34	11 326.70	14.34	961.07	12 012.22	96.24	662.76
草地							
水域	105	26 417.64	41.97	777.40	25 148.54	66.31	281.49
建设用地	53	27 777.86	99.83	2 749.83	223 720.15	65.31	271.53
未利用地	16	5 437.89	10.13	977.24	30 438.24	66.03	223.91
合计	210	136 468.72	632.92				

表5-6　2号景观单元与景观要素

景观要素类型	图斑总数（个）	图斑周长（m）	图斑面积（hm²）	图斑最大周长（m）	图斑最大面积（m²）	图斑最小周长（m）	图斑最小面积（m²）
耕地	5	104 926.35	724.32	85 979.82	6 285 713.74	228.30	2 968.27
林地	73	36 922.97	77.30	2 804.62	70 615.30	81.77	390.58
草地							
水域	77	23 333.11	40.51	1 233.10	27 663.31	81.03	389.84
建设用地	61	43 127.96	103.38	8 146.55	171 167.95	52.30	200.54
未利用地	7	1 856.07	3.30	500.82	12 734.55	100.83	421.17
合计	223	210 166.46	948.81				

表5-7　3号景观单元与景观要素

景观要素类型	图斑总数（个）	图斑周长（m）	图斑面积（hm²）	图斑最大周长（m）	图斑最大面积（m²）	图斑最小周长（m）	图斑最小面积（m²）
耕地	6	80 779.52	363.50	78 934.70	3 615 667.80	94.80	368.37
林地	25	10 357.15	12.83	917.17	16 434.99	75.86	402.87
草地	1	128.46	0.09	128.46	890.97	128.46	890.97
水域	112	30 028.44	37.30	1 278.33	25 923.44	65.03	284.61
建设用地	61	30 205.16	79.58	2 342.13	88 477.00	58.71	234.01
未利用地	17	4 397.07	5.16	592.82	18 492.07	68.01	324.76
合计	222	155 895.80	498.46				

表 5-8　4 号景观单元与景观要素

景观要素 类型	图斑总数 （个）	图斑周长 （m）	图斑面积 （hm²）	图斑最大周长 （m）	图斑最大面积 （m²）	图斑最小周长 （m）	图斑最小面积 （m²）
耕地	6	84 040.21	657.59	82 976.69	6 570 611.35	92.78	326.47
林地	10	6 372.32	14.90	850.63	29 266.42	425.27	7 565.31
草地							
水域	52	18 133.64	31.33	1 908.87	48 673.23	97.62	631.26
建设用地	51	47 835.00	129.75	6 466.11	251 277.32	96.99	587.78
未利用地	6	2 402.56	4.47	733.25	19 556.63	172.58	1 449.92
合计	125	158 783.73	838.04				

表 5-9　5 号景观单元与景观要素

景观要素 类型	图斑总数 （个）	图斑周长 （m）	图斑面积 （hm²）	图斑最大周长 （m）	图斑最大面积 （m²）	图斑最小周长 （m）	图斑最小面积 （m²）
耕地	10	48 220.25	270.33	43 676.26	2 639 689.66	173.61	1 345.60
林地	16	7 174.92	7.24	1 196.82	10 718.30	112.08	555.57
草地							
水域	71	24 001.61	31.20	1 970.36	30 686.44	90.95	305.53
建设用地	34	23 997.35	57.82	2 368.92	97 486.95	80.71	230.21
未利用地							
合计	131	103 394.13	366.59				

表 5-10　6 号景观单元与景观要素

景观要素 类型	图斑总数 （个）	图斑周长 （m）	图斑面积 （hm²）	图斑最大周长 （m）	图斑最大面积 （m²）	图斑最小周长 （m）	图斑最小面积 （m²）
耕地	23	183 651.97	1 320.01	150 083.77	11 793 518.71	95.76	453.12
林地	69	47 022.58	98.90	4 478.91	255 781.49	104.61	483.46
草地							
水域	203	86 749.33	149.34	3 919.50	163 180.02	85.09	433.80
建设用地	119	95 868.07	231.40	10 158.34	421 389.60	58.05	218.48
未利用地	13	3 155.76	2.82	890.63	9 543.73	118.52	672.86
合计	427	416 447.71	1 802.47				

表 5-11　7 号景观单元与景观要素

景观要素类型	图斑总数（个）	图斑周长（m）	图斑面积（hm²）	图斑最大周长（m）	图斑最大面积（m²）	图斑最小周长（m）	图斑最小面积（m²）
耕地	23	97 099.59	622.74	59 665.46	5 082 581.14	146.58	789.24
林地	85	30 507.64	45.86	2 725.63	97 653.39	80.78	411.30
草地	2	419.83	0.45	307.45	3 675.55	112.37	784.86
水域	132	34 031.56	44.95	815.20	22 156.84	56.22	202.86
建设用地	52	64 427.48	213.06	14 056.27	626 096.03	105.37	639.38
未利用地	10	1 223.76	0.91	208.22	2 214.88	76.55	395.86
合计	304	227 709.86	927.97				

表 5-12　8 号景观单元与景观要素

景观要素类型	图斑总数（个）	图斑周长（m）	图斑面积（hm²）	图斑最大周长（m）	图斑最大面积（m²）	图斑最小周长（m）	图斑最小面积（m²）
耕地	11	280 366.91	2 498.41	273 102.03	24 816 408.69	126.53	415.90
林地	58	48 650.56	152.02	4 353.72	253 427.24	147.45	1 101.73
草地							
水域	302	120 406.28	212.63	4 743.44	134 735.61	89.76	559.57
建设用地	176	123 826.10	372.18	16 696.59	599 183.55	78.65	293.29
未利用地	18	7 518.01	21.50	3 508.35	157 094.71	98.22	624.24
合计	565	580 767.86	3 256.74				

表 5-13　9 号景观单元与景观要素

景观要素类型	图斑总数（个）	图斑周长（m）	图斑面积（hm²）	图斑最大周长（m）	图斑最大面积（m²）	图斑最小周长（m）	图斑最小面积（m²）
耕地	6	62 194.27	430.13	61 110.32	4 294 761.66	96.76	619.06
林地	74	28 594.00	38.48	2 400.72	51 965.24	55.36	210.16
草地	2	1 051.31	2.03	584.03	15 011.01	467.28	5 301.41
水域	44	12 682.08	17.09	1 061.30	25 700.95	61.64	258.47
建设用地	35	33 493.60	117.94	3 333.83	209 356.12	96.29	423.90
未利用地	1	207.81	0.28	207.81	2 760.76	207.81	2 760.76
合计	162	138 223.07	605.95				

表 5-14　10 号景观单元与景观要素

景观要素类型	图斑总数（个）	图斑周长（m）	图斑面积（hm²）	图斑最大周长（m）	图斑最大面积（m²）	图斑最小周长（m）	图斑最小面积（m²）
耕地	26	629 964.85	5 736.13	509 670.31	46 507 862.62	132.89	652.46
林地	238	210 021.44	824.50	8 288.46	946 128.08	110.94	823.12
草地	21	30 762.57	153.17	6 568.57	451 223.74	376.06	7 358.51
水域	714	257 930.46	968.17	24 069.68	5 146 207.07	68.77	255.83
建设用地	292	227 528.40	901.31	22 951.54	1 890 104.87	84.98	447.19
未利用地	13	9 054.19	27.63	2 448.63	116 455.44	217.91	2 334.75
合计	1 304	1 365 261.91	8 610.91				

表 5-15　11 号景观单元与景观要素

景观要素类型	图斑总数（个）	图斑周长（m）	图斑面积（hm²）	图斑最大周长（m）	图斑最大面积（m²）	图斑最小周长（m）	图斑最小面积（m²）
耕地	8	77 228.31	316.93	72 634.58	3 112 640.11	229.61	535.83
林地	29	32 091.72	79.50	5 851.73	192 804.77	146.03	670.00
草地	1	286.31	0.33	286.31	3 292.94	286.31	3 292.94
水域	45	13 569.97	15.35	1 362.00	14 237.89	58.41	227.03
建设用地	24	21 993.88	69.38	2 766.68	109 076.51	63.13	263.57
未利用地	1	124.38	0.11	124.38	1 055.89	124.38	1 055.89
合计	108	145 294.57	481.60				

表 5-16　12 号景观单元与景观要素

景观要素类型	图斑总数（个）	图斑周长（m）	图斑面积（hm²）	图斑最大周长（m）	图斑最大面积（m²）	图斑最小周长（m）	图斑最小面积（m²）
耕地	9	76 718.04	643.13	45 138.83	4 124 136.54	96.71	592.13
林地	36	20 250.85	43.29	1 848.04	72 369.46	121.93	700.72
草地							
水域	49	17 639.88	21.37	3 529.01	24 174.30	86.19	479.82
建设用地	45	31 704.89	84.36	2 502.69	97 586.30	88.30	529.28
未利用地	6	2 589.30	4.71	750.24	19 544.15	137.67	985.21
合计	145	148 902.96	796.86				

表 5-17　13 号景观单元与景观要素

景观要素 类型	图斑总数 （个）	图斑周长 （m）	图斑面积 （hm²）	图斑最大周长 （m）	图斑最大面积 （m²）	图斑最小周长 （m）	图斑最小面积 （m²）
耕地	3	24 245.37	197.45	23 870.97	1 973 669.77	170.26	343.96
林地	21	15 131.60	37.95	2 422.20	92 637.00	120.75	844.70
草地							
水域	14	6 666.74	12.20	2 537.04	49 996.94	183.67	2 147.07
建设用地	14	5 065.84	11.92	919.36	36 460.91	84.78	400.19
未利用地	1	117.14	0.08	117.14	828.52	117.14	828.52
合计	53	51 226.69	259.60				

表 5-18　14 号景观单元与景观要素

景观要 素类型	图斑总数 （个）	图斑周长 （m）	图斑面积 （hm²）	图斑最大周长 （m）	图斑最大面积 （m²）	图斑最小周长 （m）	图斑最小面积 （m²）
耕地	179	612 905.71	3 939.31	231 955.97	15 018 112.59	87.28	384.08
林地	197	448 678.61	3 362.93	97 588.53	15 277 292.97	61.30	251.41
草地	84	118 106.85	438.49	13 663.76	709 195.10	113.59	463.70
水域	299	133 783.92	338.84	23 987.55	923 018.93	90.03	391.10
建设用地	283	307 814.21	1 182.43	9 941.24	771 412.95	61.94	254.70
未利用地	194	159 320.00	607.65	15 791.27	1 935 330.22	85.03	320.50
合计	1 236	1 780 609.30	9 869.65				

表 5-19　15 号景观单元与景观要素

景观要 素类型	图斑总数 （个）	图斑周长 （m）	图斑面积 （hm²）	图斑最大周长 （m）	图斑最大面积 （m²）	图斑最小周长 （m）	图斑最小面积 （m²）
耕地	10	17 896.89	89.52	14 634.31	844 532.53	250.63	3 391.03
林地	11	14 058.59	51.67	6 835.64	330 605.09	211.00	2 345.24
草地							
水域	16	14 234.65	38.32	7 599.79	242 667.28	150.95	1 270.04
建设用地	3	2 499.67	7.18	1 021.29	32 728.74	466.10	7 753.20
未利用地	6	9 229.70	19.25	4 237.51	92 806.39	132.76	881.11
合计	46	57 919.50	205.94				

表 5-20　16 号景观单元与景观要素

景观要素类型	图斑总数（个）	图斑周长（m）	图斑面积（hm²）	图斑最大周长（m）	图斑最大面积（m²）	图斑最小周长（m）	图斑最小面积（m²）
耕地	56	35 072.87	96.67	13 391.14	586 172.88	83.42	372.98
林地	18	27 955.80	78.83	9 557.55	312 629.14	187.97	1 894.26
草地	7	10 904.59	23.49	4 566.14	131 594.76	93.46	548.25
水域	19	9 967.78	29.15	3 925.93	181 089.70	108.59	741.15
建设用地	10	9 527.38	33.16	2 609.62	107 906.03	160.00	1 716.70
未利用地	5	9 734.23	31.13	3 144.69	102 890.88	324.15	4 155.50
合计	115	103 162.65	292.43				

表 5-21　17 号景观单元与景观要素

景观要素类型	图斑总数（个）	图斑周长（m）	图斑面积（hm²）	图斑最大周长（m）	图斑最大面积（m²）	图斑最小周长（m）	图斑最小面积（m²）
耕地	44	223 857.69	911.51	204 855.79	8 934 797.63	115.08	338.51
林地	138	184 884.55	549.29	9 991.71	516 690.08	181.86	1 555.62
草地	2	1 504.26	4.16	771.08	24 327.79	733.18	17 292.77
水域	108	29 684.04	46.07	1 452.16	18 253.90	92.77	540.15
建设用地	44	18 611.53	43.01	1 111.13	44 524.64	75.52	384.99
未利用地	4	1 972.17	3.27	748.19	12 088.38	366.78	6 208.10
合计	340	460 514.24	1 557.31				

表 5-22　18 号景观单元与景观要素

景观要素类型	图斑总数（个）	图斑周长（m）	图斑面积（hm²）	图斑最大周长（m）	图斑最大面积（m²）	图斑最小周长（m）	图斑最小面积（m²）
耕地	35	168 421.04	790.39	126 509.25	6 928 292.41	78.24	363.54
林地	98	125 914.46	280.38	12 771.41	355 477.65	107.82	408.12
草地	5	1 326.62	1.28	480.92	5 715.90	127.61	1 053.78
水域	100	32 734.33	49.13	1 683.41	25 831.56	58.96	211.60
建设用地	74	30 800.71	86.68	2 580.57	179 629.08	56.48	213.38
未利用地	6	2 423.30	5.94	744.97	23 681.76	112.43	797.15
合计	318	361 620.46	1 213.80				

表 5-23　19 号景观单元与景观要素

景观要素类型	图斑总数（个）	图斑周长（m）	图斑面积（hm²）	图斑最大周长（m）	图斑最大面积（m²）	图斑最小周长（m）	图斑最小面积（m²）
耕地	141	264 242.91	1 063.79	209 054.01	9 881 079.80	75.66	304.57
林地	144	167 414.00	455.07	8 642.18	435 886.11	102.89	588.72
草地	51	80 242.03	258.80	24 507.17	967 166.23	109.39	389.57
水域	150	48 434.84	97.31	5 942.83	254 333.37	62.36	224.82
建设用地	53	35 618.14	107.58	1 811.08	80 831.95	86.28	480.97
未利用地	4	1 510.54	1.45	662.73	6 234.35	258.73	2 260.84
合计	543	597 462.46	1 984.00				

表 5-24　20 号景观单元与景观要素

景观要素类型	图斑总数（个）	图斑周长（m）	图斑面积（hm²）	图斑最大周长（m）	图斑最大面积（m²）	图斑最小周长（m）	图斑最小面积（m²）
耕地	28	74 584.82	434.45	24 013.26	2 209 780.20	200.08	2 560.41
林地	28	66 048.48	259.49	11 160.79	548 714.53	111.44	247.92
草地	2	1 571.79	3.44	1 043.73	21 543.34	528.06	12 808.46
水域	73	22 343.71	40.40	1 817.07	70 430.09	87.62	378.58
建设用地	27	23 517.13	74.76	3 895.42	185 774.50	190.68	1 720.05
未利用地	1	584.94	1.76	584.94	17 595.36	584.94	17 595.36
合计	159	188 650.87	814.30				

表 5-25　21 号景观单元与景观要素

景观要素类型	图斑总数（个）	图斑周长（m）	图斑面积（hm²）	图斑最大周长（m）	图斑最大面积（m²）	图斑最小周长（m）	图斑最小面积（m²）
耕地	15	195 237.65	1 012.37	181 812.40	9 818 079.54	130.79	371.19
林地	82	61 816.77	182.89	3 608.17	132 180.88	100.69	654.51
草地	8	6 526.40	19.84	2 863.26	116 963.54	201.60	2 075.99
水域	222	66 983.06	125.53	1 906.56	61 049.71	83.61	285.44
建设用地	74	69 897.23	252.21	2 881.11	143 198.98	69.07	318.17
未利用地	24	9 124.49	17.26	1 105.64	28 672.02	65.47	247.37
合计	425	409 585.60	1 610.10				

表 5-26　22 号景观单元与景观要素

景观要素类型	图斑总数（个）	图斑周长（m）	图斑面积（hm²）	图斑最大周长（m）	图斑最大面积（m²）	图斑最小周长（m）	图斑最小面积（m²）
耕地	1 018	2 247 112.73	9 112.38	232 268.68	13 402 645.81	78.18	237.70
林地	563	2 389 661.02	19 944.09	398 411.50	40 275 806.34	80.23	183.87
草地	247	184 083.31	523.26	8 405.33	419 963.21	93.99	477.16
水域	2 283	700 154.90	1 357.34	34 917.64	1 315 841.92	59.18	203.28
建设用地	898	577 409.21	1 984.16	23 170.77	1 972 229.24	57.50	203.07
未利用地	162	138 463.17	275.79	10 831.11	206 103.58	80.00	431.95
合计	5 171	6 236 884.34	33 197.02				

表 5-27　23 号景观单元与景观要素

景观要素类型	图斑总数（个）	图斑周长（m）	图斑面积（hm²）	图斑最大周长（m）	图斑最大面积（m²）	图斑最小周长（m）	图斑最小面积（m²）
耕地	33	239 468.04	894.15	228 325.37	8 846 588.32	89.85	317.19
林地	150	142 781.40	382.04	11 669.47	453 121.44	57.42	206.20
草地	18	11 501.11	21.68	2 233.75	54 605.37	161.75	1 441.91
水域	284	54 628.78	72.44	727.81	29 358.73	55.34	205.89
建设用地	106	41 818.91	82.37	2 081.25	75 224.11	69.24	284.74
未利用地	3	2 554.69	8.17	1 066.43	46 736.25	669.26	14 195.45
合计	594	492 752.93	1 460.85				

表 5-28　24 号景观单元与景观要素

景观要素类型	图斑总数（个）	图斑周长（m）	图斑面积（hm²）	图斑最大周长（m）	图斑最大面积（m²）	图斑最小周长（m）	图斑最小面积（m²）
耕地	28	117 072.82	564.25	100 077.07	5 180 997.40	101.75	326.30
林地	61	44 753.26	133.04	6 290.45	273 579.87	162.12	1 504.52
草地	6	1 578.58	2.57	364.21	8 840.78	168.41	1 584.34
水域	236	59 235.32	85.68	3 126.81	70 990.44	74.19	308.96
建设用地	74	41 636.77	123.08	3 266.78	133 378.96	79.23	378.27
未利用地	2	710.61	1.40	440.79	10 786.83	269.82	3 262.98
合计	407	264 987.36	910.02				

表 5-29 25 号景观单元与景观要素

景观要素类型	图斑总数（个）	图斑周长（m）	图斑面积（hm²）	图斑最大周长（m）	图斑最大面积（m²）	图斑最小周长（m）	图斑最小面积（m²）
耕地	60	382 968.28	1 743.27	144 721.41	6 825 637.41	87.34	307.37
林地	200	265 579.24	818.00	13 166.27	498 616.31	122.18	614.19
草地	11	5 353.19	17.69	1 679.50	100 160.48	119.43	581.62
水域	219	75 880.24	171.66	9 066.69	592 799.74	90.27	536.54
建设用地	68	54 659.09	116.23	16 587.23	124 692.01	72.52	325.17
未利用地							
合计	558	784 440.04	2 866.85				

表 5-30 26 号景观单元与景观要素

景观要素类型	图斑总数（个）	图斑周长（m）	图斑面积（hm²）	图斑最大周长（m）	图斑最大面积（m²）	图斑最小周长（m）	图斑最小面积（m²）
耕地	10	115 748.98	437.94	110 614.92	4 303 149.83	131.18	929.92
林地	53	42 308.79	93.93	4 565.59	156 621.25	97.13	478.58
草地	33	27 418.07	55.53	2 257.05	49 353.83	145.41	840.95
水域	167	42 169.13	68.61	1 774.09	65 140.08	63.60	231.64
建设用地	53	31 481.54	80.39	2 146.58	86 950.13	163.59	1 323.33
未利用地	7	7 152.80	17.15	2 033.39	52 031.07	203.68	1 503.97
合计	323	266 279.31	753.55				

表 5-31 27 号景观单元与景观要素

景观要素类型	图斑总数（个）	图斑周长（m）	图斑面积（hm²）	图斑最大周长（m）	图斑最大面积（m²）	图斑最小周长（m）	图斑最小面积（m²）
耕地	188	598 832.46	2 514.40	190 260.58	9 215 626.16	122.88	351.86
林地	246	585 974.33	4 931.66	274 042.67	33 988 343.37	112.62	207.23
草地	17	16 227.98	71.22	3 547.63	350 048.92	290.89	2 928.50
水域	429	106 089.76	163.11	5 241.07	193 737.24	56.26	208.42
建设用地	357	122 466.31	241.68	139 518.26	141.90	57.41	219.92
未利用地	25	9 957.74	15.77	1 079.62	41 845.56	91.89	534.88
合计	1 262	1 439 548.58	7 937.84				

表 5-32　28 号景观单元与景观要素

景观要素类型	图斑总数（个）	图斑周长（m）	图斑面积（hm²）	图斑最大周长（m）	图斑最大面积（m²）	图斑最小周长（m）	图斑最小面积（m²）
耕地	7	8 061.21	23.57	4 622.99	153 211.48	105.18	495.84
林地	4	11 527.10	84.06	7 103.26	597 846.30	915.04	31 364.61
草地							
水域	13	4 509.00	7.59	755.95	21 384.74	138.67	857.07
建设用地	10	3 313.91	5.70	1 791.59	39 654.10	87.48	448.63
未利用地	3	1 542.66	2.86	687.04	12 845.21	310.25	4 341.80
合计	37	28 953.88	123.78				

表 5-33　29 号景观单元与景观要素

景观要素类型	图斑总数（个）	图斑周长（m）	图斑面积（hm²）	图斑最大周长（m）	图斑最大面积（m²）	图斑最小周长（m）	图斑最小面积（m²）
耕地	35	81 856.31	257.50	44 344.70	1 751 181.06	88.83	380.15
林地	32	105 186.47	740.33	41 846.24	3 361 383.38	72.13	269.32
草地	23	12 103.22	20.15	1 560.79	39 232.31	103.12	567.81
水域	129	29 818.26	34.82	1 157.46	23 766.42	74.24	259.93
建设用地	158	32 220.33	35.87	948.68	43 234.97	56.76	202.76
未利用地	14	5 371.05	9.95	1 859.02	50 721.07	59.42	234.02
合计	391	266 555.64	1 098.62				

表 5-34　30 号景观单元与景观要素

景观要素类型	图斑总数（个）	图斑周长（m）	图斑面积（hm²）	图斑最大周长（m）	图斑最大面积（m²）	图斑最小周长（m）	图斑最小面积（m²）
耕地	5	24 509.65	92.19	23 566.50	915 474.88	145.89	479.75
林地	11	15 496.83	48.62	9 878.23	378 703.99	238.70	2 080.93
草地							
水域	26	8 412.30	16.27	1 205.90	49 934.88	126.82	991.95
建设用地	11	4 321.05	8.21	639.27	13 902.87	113.16	803.26
未利用地							
合计	53	52 739.83	165.29				

表 5-35　31 号景观单元与景观要素

景观要素类型	图斑总数（个）	图斑周长（m）	图斑面积（hm²）	图斑最大周长（m）	图斑最大面积（m²）	图斑最小周长（m）	图斑最小面积（m²）
耕地	41	94 112.05	203.07	62 343.43	1 387 085.77	97.25	392.65
林地	40	100 655.73	561.00	17 476.45	1 167 273.06	145.70	1 430.11
草地	11	15 122.81	81.37	3 503.75	229 307.73	171.16	1 745.17
水域	167	38 189.29	44.16	5 467.06	47 000.45	59.94	243.34
建设用地	75	22 742.94	35.89	1 790.31	28 617.84	55.51	203.86
未利用地	7	7 852.84	41.21	2 807.65	270 838.08	140.65	1 195.07
合计	341	278 675.66	966.70				

表 5-36　32 号景观单元与景观要素

景观要素类型	图斑总数（个）	图斑周长（m）	图斑面积（hm²）	图斑最大周长（m）	图斑最大面积（m²）	图斑最小周长（m）	图斑最小面积（m²）
耕地	40	71 144.15	146.68	53 155.84	1 209 353.43	94.01	455.16
林地	73	89 978.92	291.10	13 151.68	785 747.13	125.76	573.54
草地	53	37 085.51	71.39	5 430.12	121 899.07	78.97	204.43
水域	106	21 071.34	27.40	833.80	24 466.19	75.72	414.48
建设用地	95	24 247.61	46.90	2 256.52	155 124.28	60.72	243.97
未利用地	19	6 776.20	10.11	1 120.65	21 458.59	118.72	954.15
合计	386	250 303.73	593.58				

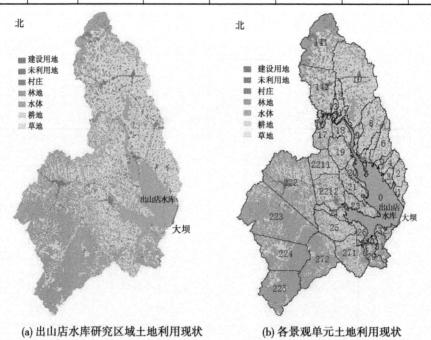

(a) 出山店水库研究区域土地利用现状　　　　(b) 各景观单元土地利用现状

图 5-9　出山店水库研究区域景观要素（土地利用）现状（2018）

5.3　小　结

(1)提出了基于 ArcGIS 技术支持、利用 DEM 数据划分出山店水库水土保持弹性景观单元主要原则:以出山店水库 20 年一遇 92 m 水位库区水面范围,自 92 m 水位库区两侧和库区上游淮河干流两侧至第一条入淮干流自然流域面积大于 100 km^2 的支流,以入库区及淮河干流自然封闭小流域及小流域片为单元,每一条自然流域面积大于 5 km^2 的支流和自然流域面积小于 5 km^2 的小流域片划分为一个水土保持弹性景观单元。

(2)提出了出山店水库水土保持弹性景观单元具体划分的四个步骤。

(3)出山店水库研究区总面积 95 809.41 hm^2,共划分为 33 个水土保持弹性景观单元(包括出山店水库 92 m 水位库区单元)。

(4)根据出山店水库水土保持弹性景观单元划分结果,以水土保持弹性景观单元为单元,以耕地、林地、草地、建设用地、水域和未利用地六类地土地覆被特征为景观要素,基于 ArcGIS 技术支持,对 GF - 2 遥感影像、1∶5 万 DEM、景观单元图镶嵌套合,通过"3S"技术人机交互解译及现场调查验证进行景观要素获取与统计分析。

(5)获得各类景观要素图斑 16 686 个、图斑总面积 95 809.41 hm^2,其中耕地图斑 2 111 个、面积 38 574.73 hm^2,林地图斑 2 917 个、面积 34 696.11 hm^2,草地图斑 605 个、面积 1 770.42 hm^2,水域图斑 6 967 个、面积 12 538.65 hm^2,建设用地图斑 3 491 个、面积 7 078.28 hm^2,未利用地图斑 595 个、面积 1 151.21 hm^2。

(6)对每个水土保持弹性景观单元内的每类景观要素图斑周长、最大最小图斑周长、最大最小图斑面积等数据信息进行统计分析。

第6章　土地利用动态演变分析

6.1　数据来源与处理

6.1.1　数据来源

（1）基础地理数据：研究区域边界、研究区 DEM、行政区边界、河网、水系等基础地理数据来源于中国科学院资源与环境科学数据中心和河南出山店水库管理局。

（2）土地利用景观数据：2000 年、2005 年、2010 年、2015 年土地利用数据源分别来自 Landsat TM 和 Landsat OLI 遥感数据，分辨率为 30 m，夏态时相；2018 年土地利用数据来源于 GF－2 遥感数据，分辨率 2 m，夏态时相。

6.1.2　数据处理

利用 ERDAS IMAGE 图像处理软件和地形图对 Landsat TM/ETM＋和 GF－2 遥感影像进行几何校正、除噪及图像增强等预处理，使得 RMS 误差控制在 1 个像元内。参照全国遥感监测土地利用/覆盖分类体系分类方法，根据出山店水库研究区特点，土地利用类型划分按照归纳共同性、区分差异性原则，按耕地、林地、草地、建设用地、水域和未利用地通过人机交互解译获得研究区土地利用数据信息，经野外调查验证其准确率达到 92%，满足研究需要；利用 ArcGIS 和 FRAGSTATS 软件，对不同年份遥感影像及土地利用图进行处理，获得不用年份土地利用基础数据。

6.2　出山店水库土地利用结构变化矩阵

土地利用类型反映区域自然、生态、经济社会复合系统变异特征，是揭示人类活动与自然环境相互关系的重要因素。土地利用由各种类型单元组成，反映了人类对自然环境的干扰程度和土地利用/土地覆被（LUCC）变化的结果。土地利用时空变化分析是研究区土地利用动态演变规律的重要途径，在 GIS 技术支持下，对不同年份出山店水库研究区遥感影像和土地利用进行地理计算和空间分析，通过构建 Markov 转移矩阵、单一型动态型、综合型动态型模型，定量分析土地利用动态变化过程，揭示土地利用动态演变规律，为出山店水库水土保持弹性景观功能研究提供参考依据。

6.2.1　Markov 模型

Markov 模型在土地利用变化方面应用土地利用转移矩阵，定量表明不同土地利用类型之间的转化，揭示不同土地利用类型之间的转移速率。土地利用类型直接相互转化的

初始转移概率矩阵 $\boldsymbol{P}$ 和 Markov 过程的基本方程分布为

$$\boldsymbol{P} = (P_{ij}) = \begin{bmatrix} P_{11} & P_{12} & \cdots & P_{1n} \\ \vdots & & \vdots & \vdots \\ P_{n1} & P_{n2} & \cdots & P_{nn} \end{bmatrix} \tag{6-1}$$

式中　n——土地利用类型数目；

　　　P_{ij}——初期到末期从 i 类型转移为 j 类型的概率。

　　Markov 过程的基本方程为

$$P_{(t+1)} = P_{(t)} \times P \tag{6-2}$$

　　式(6-2)中，系统 $(t+1)$ 时刻状态向量 $P_{(t+1)}$ 由 t 时刻状态向量 $P_{(t)}$、转移概率 P 共同确定。土地利用转移矩阵见表 6-1。

表 6-1　土地利用转移矩阵示意表

		T_2					
		A_1	A_2	$\cdots$	A_n	P_i^*	减少
T_1	A_1	P_{11}	P_{12}	$\cdots$	P_{1n}	P_1^*	$P_1^* - P_{11}$
	A_2	P_{21}	P_{22}	$\cdots$	P_{2n}	P_2^*	$P_2^* - P_{22}$
	$\cdots$	$\cdots$	$\cdots$	$\cdots$	$\cdots$	$\cdots$	$\cdots$
	A_n	P_{n1}	P_{n2}	$\cdots$	P_{nn}	P_n^*	$P_n^* - P_{nm}$
	P_j^*	P_1^*	P_2^*	$\cdots$	P_n^*		
	新增	$P_1^* - P_{11}$	$P_2^* - P_{22}$	$\cdots$	$P_n^* - P_{nm}$		

　　表 6-1 中，行表示 T_1 时刻土地利用类型，列表示 T_2 时刻土地利用类型。P_{ij} 表示 T_1 到 T_2 期间 i 土地利用类型转换为 j 土地利用类型的面积；P_{ii} 表示 T_1 到 T_2 期间 i 土地利用类型保持不变的面积；P_i^* 表示 T_1 时刻 i 土地利用类型总面积，P_j^* 表示 T_2 时刻 j 土地利用类型总面积；$P_i^* - P_{ii}$ 为 T_1 到 T_2 期间 i 土地利用类型减少面积，$P_j^* - P_{jj}$ 为 T_1 到 T_2 期间 j 土地利用类型增加面积。

6.2.2　出山店水库土地利用转移矩阵

　　利用出山店水库研究区 2000 年、2005 年、2010 年、2015 年、2018 年五个年份遥感影像解译后的土地利用数据信息，按照 LUCC（土地利用/覆被变化）分类体系，按耕地、林地、草地、水域、建设用地（含未利用地）将各年份土地进行重分类，采用空间叠加方法，对任意两年份土地利用/覆被图进行叠加处理，生成土地利用转移矩阵，构建土地利用变化动态模型，反映不同类型间的转化趋势和转化速度，用于分析出山店水库区域 2000 ~ 2018 年间土地利用变化空间分布特征，见表 6-2 ~ 表 6-5。

表 6-2 2000～2005 年土地利用转移矩阵　　　　（单位：hm²）

土地类型		2005 年					
		耕地	林地	草地	水域	建设用地	总面积
2000 年	耕地	55 307.50	11.79	0	0	0	55 319.29
	林地	1.17	31 022.83	0	0	0	31 024.00
	草地	0.09	0	2 899.46	0	0	2 899.55
	水域	0	1.16	0	3 722.39	0	3 722.55
	建设用地	0	0	0	0	2 843.73	2 843.73
	总面积	55 308.76	31 035.07	2 899.46	3 722.39	2 843.73	95 809.41

表 6-3 2005～2010 年土地利用转移矩阵　　　　（单位：hm²）

土地类型		2010 年					
		耕地	林地	草地	水域	建设用地	总面积
2005 年	耕地	31 667.43	21 021.46	116.48	909.98	1 583.40	55 308.76
	林地	4 175.63	26 559.14	5.40	112.34	182.55	31 035.07
	草地	359.26	2 449.10	57.25	15.93	17.91	2 899.46
	水域	988.30	442.70	5.13	2 552.86	33.40	3 722.39
	建设用地	1 089.30	1 039.79	5.76	24.48	684.40	2 843.73
	总面积	38 289.92	51 512.19	190.03	3 315.61	2 501.67	95 809.41

表 6-4 2010～2015 年土地利用转移矩阵　　　　（单位：hm²）

土地类型		2015 年					
		耕地	林地	草地	水域	建设用地	总面积
2010 年	耕地	31 394.96	4 359.81	346.21	1 026.29	1 162.66	38 289.92
	林地	21 050.89	26 142.00	2 451.08	546.49	1 321.72	51 512.19
	草地	114.05	6.75	52.93	4.86	11.43	190.03
	水域	1 030.16	126.20	17.46	2 115.95	25.83	3 315.61
	建设用地	1 714.20	179.31	18.45	30.43	559.28	2 501.67
	总面积	55 304.26	30 814.07	2 886.13	3 724.01	3 080.93	95 809.41

表 6-5　2015~2018 年土地利用转移矩阵　　　　　（单位:hm²）

土地类型		2018 年					
		耕地	林地	草地	水域	建设用地	总面积
2015 年	耕地	30 767.25	10 001.50	987.87	8 568.67	4 978.97	55 304.26
	林地	5 669.27	22 751.32	996.77	725.75	670.96	30 814.07
	草地	757.40	1 122.96	739.94	52.12	213.70	2 886.13
	水域	477.28	378.44	158.16	2 649.72	60.40	3 724.01
	建设用地	914.27	422.93	38.08	604.23	1 101.43	3 080.93
	总面积	38 585.48	34 677.16	2 920.82	12 600.49	7 025.46	95 809.41

6.3　基于地形定量分析

　　地形是最基础的地理要素,是土地利用空间分布的重要影响因子,影响光、热、水、土分布状况和土壤及植被形成与发育过程,制约地表物质与能量再分配,决定土地利用与土地质量的优劣,影响各种自然或人为干扰的程度,土地利用空间分布规律与地形因子在空间上具有相对一致性。

　　研究选取高程、坡度、坡向三个地形分异因子,基于 DEM 数据,采用数据叠加、统计分析方法,对土地利用类型与地形因子在空间上的分布特征进行定量分析。

6.3.1　土地利用高程分异特征

　　利用出山店水库研究区遥感影像与 DEM 数据,综合考虑地形、土地利用、人口、产业结构、生态环境等因素,将研究区域划分为四个高程带,分别为河谷区(0~100 m)、河谷丘陵过渡区(100~200 m)、丘陵区(200~300 m)、低山丘陵区(>300 m),不同高程带上不同土利用类型面积变化结果见表 6-6 和图 6-1。

表 6-6　不同高程带上不同土地利用类型面积

年份	土地利用类型	海拔高程带上土地利用类型面积(hm²)				
		0~100 m	100~200 m	200~300 m	>300 m	合计
2000 年	耕地	49 611.91	759.95	1 738.34	3 209.09	55 319.29
	林地	17 783.66	838.59	3 467.63	8 934.12	31 024.00
	草地	2 840.98	0	9.61	48.96	2 899.55
	水域	3 364.38	12.21	66.23	279.74	3 722.56
	建设用地	2 617.72	23.32	143.79	59.18	2 844.01
	合计	76 218.65	1 634.07	5 425.60	12 531.09	95 809.41

续表 6-6

年份	土地利用类型	海拔高程带上土地利用类型面积(hm²)				
		0 ~ 100 m	100 ~ 200 m	200 ~ 300 m	>300 m	合计
2005 年	耕地	50 293.4	427.49	1 335.28	3 252.59	55 308.76
	林地	17 792.96	838.78	3 467.88	8 935.46	31 035.08
	草地	2 840.90	0	9.60	48.96	2 899.46
	水域	3 364.21	12.2	66.23	279.75	3 722.39
	建设用地	2 617.45	23.31	143.78	59.18	2 843.72
	合计	76 908.92	1 301.78	5 022.77	12 575.94	95 809.41
2010 年	耕地	33 247.71	213.44	1 271.25	3 557.52	38 289.92
	林地	37 836.22	1 040.77	4 051.22	8 583.98	51 512.19
	草地	190.03	0	0	0	190.03
	水域	2 977.36	23.08	57.36	257.81	3 315.61
	建设用地	2 271.79	21.71	57.12	151.04	2 501.66
	合计	76 523.11	1 299	5 436.95	12 550.35	95 809.41
2015 年	耕地	49 956.24	431.73	1 715.46	3 200.84	55 304.27
	林地	17 598.64	835.75	3 423.78	8 955.90	30 814.07
	草地	2 826.44	0	11.52	48.17	2 886.13
	水域	3 409.54	8.78	76.74	228.95	3 724.01
	建设用地	2 759.75	23.26	214.03	83.89	3 080.93
	合计	76 550.61	1 299.52	5 441.53	12 517.75	95 809.41
2018 年	耕地	34 236.53	515.39	1 288.78	2 534.03	38 574.73
	林地	21 375.35	619.14	3 661.39	9 040.23	34 696.11
	草地	1 245.61	63.84	112.26	348.71	1 770.42
	水域	12 057.37	41.69	169.32	270.27	12 538.65
	建设用地	6 512.94	58.79	205.78	1 451.99	8 229.50
	合计	75 427.80	1 298.85	5 437.53	13 645.23	95 809.41

由表 6-1 可以看出,各高程带土地利用方式不同,不同年份分布规律大致相同。

耕地主要集中分布于研究区中部和东部的河谷区,其次是 300 m 以上的低山丘陵区,而 100 ~ 300 m 的丘陵区相对较少;在纵向时间上,耕地面积不断减少,以河谷区为主,从 2000 年 49 611.91 hm² 到 2010 年 33 247.71 hm²,减少 16 364.20 hm²;2015 年耕地增加 499 564.24 hm²,2018 年耕地面积减少至 34 236.53 hm²,说明水库建设对区域农业生产活动产生很大影响。林地多分布于研究区西南部 0 ~ 100 m 河谷区与 300 m 以上低山丘

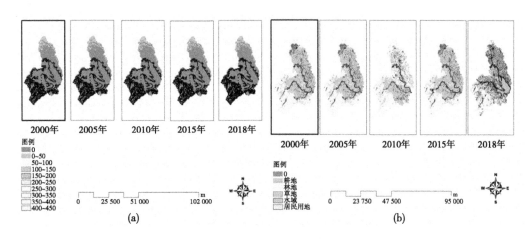

图 6-1　不同高程带及不同年份土地利用分布

陵区,以马尾松、麻栎、栓皮栎等针阔混交林为主,属环境资源拼块,面积较小,连通程度不高,但对研究区西南部环境质量有较强动态控制功能。在时间纵向上,近年来生态文明建设和水土保持综合治理,林地面积变化较大,区域生态环境好转。水域面积明显增加,主要位于河谷区。建设用地主要分布于河谷区,2000～2018 年明显增加,说明随着研究区经济快速发展和人口增加,建设用地呈现出增长态势。

6.3.2　土地利用坡度分异特征

参照水土保持坡度划分,按平坡(<8°)、缓坡(8～15°)、陡坡(>15°),利用遥感影像与 DEM 数据获得出山店水库研究区土地利用三种坡度分布结果(见图6-2、表6-7)。

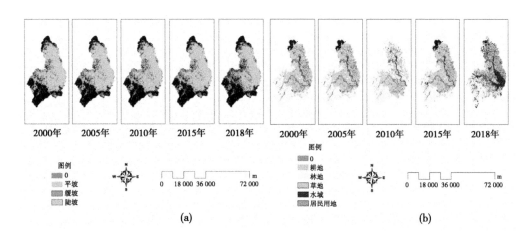

图 6-2　不同坡度及不同年份土地利用分布

表6-7 不同坡度上各土地利用类型面积

年份	土地利用类型	不同坡度上土地利用类型面积(hm²)			
		平坡(<8°)	缓坡(8°~15°)	陡坡(>15°)	合计
2000年	耕地	51 173.89	4 145.15	0.25	55 319.29
	林地	12 666.87	17 841.61	515.52	31 024.00
	草地	1 429.06	1 466.76	3.73	2 899.55
	水域	3 387.51	334.84	0.21	3 722.56
	建设用地	2 758.55	85.46	0	2 844.01
	合计	71 415.88	23 873.82	519.71	95 809.41
2005年	耕地	51 164.34	4 144.17	0.25	55 308.76
	林地	12 675.78	17 843.75	515.56	31 035.08
	草地	1 429.05	1 466.68	3.73	2 899.46
	水域	3 387.51	334.67	0.21	3 722.39
	建设用地	2 758.26	85.46	0	2 843.72
	合计	71 414.94	23 874.73	519.75	95 809.41
2010年	耕地	33 718.58	4 567.89	3.45	38 289.92
	林地	32 183.69	18 812.79	515.71	51 512.19
	草地	155.85	33.65	0.53	190.03
	水域	3 031.03	284.58	0	3 315.61
	建设用地	2 333.97	167.69	0	2 501.66
	合计	71 423.12	23 866.60	519.69	95 809.41
2015年	耕地	51 187.88	4 115.98	0.41	55 304.27
	林地	12 546.26	17 751.92	515.90	30 814.07
	草地	1 361.10	1 521.85	3.18	2 886.13
	水域	3 431.86	292.05	0.10	3 724.01
	建设用地	2 890.35	190.52	0.06	3 080.93
	合计	71 417.45	23 872.32	519.65	95 809.41
2018年	耕地	37 444.33	1 129.30	1.10	38 574.73
	林地	15 016.16	19 207.74	472.21	34 696.11
	草地	455.21	1 269.85	45.36	1 770.42
	水域	12 224.39	313.74	0.52	12 538.65
	建设用地	6 638.20	1 591.25	0.05	8 229.50
	合计	71 778.29	23 511.88	519.24	95 809.41

　　出山店水库研究区地貌主要以河谷和低山丘陵为主,由表6-7可以看出,耕地、建设用地、水域主要分布在平坡和缓坡上,占到总面积的75%以上,说明缓坡地带各方面条件良好,更适宜于农业生产和城乡建设,与人类的生产生活密切相关。2000～2010年林地的面积增长量很大,2000～2018年只有少部分林地和零星草地分布于陡坡上,说明陡坡地带自然条件相对较差,不适合耕种、建设等产生明显经济效益的活动,从生态的角度可以进行生态建设提高植被覆盖率,有效防止水土流失。

6.3.3　土地利用坡向分异特征

　　坡向通过光照、温度和湿度等因素制约土地对作物的适宜性和生长发育,对土地利用分布产生影响,利用遥感影像与DEM数据按平面坡、阳坡(135°～225°)、阴坡(0°～45°与315°～360°)、半阴坡(45°～135°)、半阳坡(225°～315°)获得出山店水库研究区不同坡向上土地利用分布结果,见表6-8、图6-3。

表 6-8　不同坡向上各地利用类型面积

年份	土地利用类型	不同坡向上土地利用类型面积(hm²)					
		平面坡	阴坡	半阴坡	阳坡	半阳坡	合计
2000 年	耕地	21 199.56	4 678.18	11 647.36	7 904.98	9 889.22	55 319.29
	林地	2 469.01	6 096.44	8 497.13	6 061.46	7 899.95	31 024.00
	草地	200.80	324.59	927.41	903.43	543.32	2 899.55
	水域	1 817.69	414.64	835.41	238.34	416.48	3 722.56
	建设用地	1 448.42	105.55	407.25	418.51	464.28	2 844.01
	合计	27 135.48	11 619.40	22 314.56	15 526.72	19 213.25	95 809.41
2005 年	耕地	21 196.98	4 676.60	11 644.51	7 902.86	9 887.79	55 308.76
	林地	2 470.95	6 098.57	8 499.82	6 063.80	7 901.94	31 035.08
	草地	200.80	324.59	927.41	903.35	543.31	2 899.46
	水域	1 817.70	414.35	835.55	238.34	416.45	3 722.39
	建设用地	1 448.12	105.55	407.25	418.51	464.28	2 843.72
	合计	27 134.55	11 619.66	22 314.54	15 526.86	19 213.77	95 809.41
2010 年	耕地	13 353.61	4 157.69	8 815.33	5 393.12	6 570.17	38 289.92
	林地	11 105.12	6 934.40	12 416.08	9 461.39	11 595.19	51 512.19
	草地	39.75	9.68	58.16	38.02	44.41	190.03
	水域	1 646.46	321.33	405.87	284.88	657.07	3 315.61
	建设用地	992.11	192.39	620.63	349.76	346.76	2 501.66
	合计	27 137.05	11 615.49	22 316.07	15 527.17	19 213.60	95 809.41

续表 6-8

年份	土地利用类型	不同坡向上土地利用类型面积（hm²）					
		平面坡	阴坡	半阴坡	阳坡	半阳坡	合计
2015 年	耕地	21 174.63	4 667.38	11 712.97	7 945.10	9 804.20	55 304.27
	林地	2 473.60	6 139.73	8 382.51	5 952.35	7 865.89	30 814.07
	草地	188.07	338.37	920.14	876.63	562.92	2 886.13
	水域	1 799.85	286.04	898.07	389.35	350.69	3 724.01
	建设用地	1 499.43	188.16	399.97	362.37	630.99	3 080.93
	合计	27 135.58	11 619.68	22 313.66	15 525.80	19 214.69	95 809.41
2018 年	耕地	14 055.81	3 147.22	8 347.74	5 841.83	7 182.13	38 574.73
	林地	5 155.34	11 966.69	1 512.17	1 385.80	14 676.11	34 696.11
	草地	326.65	350.43	283.13	258.90	551.31	1 770.42
	水域	7 193.67	752.18	1 750.40	1 236.31	1 606.09	12 538.65
	建设用地	3 690.01	384.19	1 600.74	1 246.34	1 308.22	8 229.50
	合计	30 421.48	16 600.71	13 494.18	9 969.18	25 323.86	95 809.41

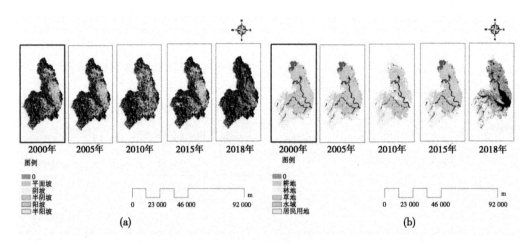

图 6-3　不同坡向及不同年份土地利用分布图

由表 6-8 可以看出，各类型土地在各类坡向上均有分布，斑块变化幅度较小。耕地、建设用地以平坡和阳坡为主，阴坡和半阴坡仅有少量分布，说明地形平整和光热充足适合人类生活和生产；水域主要分布在平坡和阴坡，林地在阴坡与半阴坡分布面积和在阳坡与半阳坡分布面积相当。

6.4　出山店水库土地利用结构变化幅度分析

土地利用类型面积的变化即土地利用变化幅度,是反映不同土地利用类型在面积总量上的变化,计算公式为

$$K'_1 = U_b - U_a \tag{6-3}$$

$$K'_2 = \frac{U_b - U_a}{T} = \frac{K'_1}{T} \tag{6-4}$$

式中　K'_1——T 时段内某土地利用类型面积的总变化幅度;

　　　K'_2——T 时段内某土地利用类型面积的年变化幅度;

　　　U_a、U_b——T 时段初期和末期某类型的面积;

　　　T——研究时段。

根据式(6-3)、式(6-4)和转移矩阵计算研究区土地利用类型变化幅度,结果见表 6-9 ~ 表 6-11 和图 6-4、图 6-5。

表 6-9　不同时期土地利用类型面积总变化幅度

地类	各时期土地利用类型面积总变化幅度(hm²)				
	2000 ~ 2005 年	2005 ~ 2010 年	2010 ~ 2015 年	2015 ~ 2018 年	2000 ~ 2018 年
耕地	- 10.53	- 17 018.84	17 014.34	- 16 718.78	- 16 744.56
林地	11.07	20 477.12	- 20 698.12	3 863.09	3 672.11
草地	- 0.16	- 2 709.43	2 696.10	74.69	- 1 129.13
水域	- 0.16	- 406.78	408.40	8 876.48	8 816.09
建设用地	0	- 342.06	597.26	3 944.53	5 385.49

表 6-10　不同年份土地利用类型面积年变化幅度

地类	各时期土地利用类型面积年变化幅度				
	2000 ~ 2005 年	2005 ~ 2010 年	2010 ~ 2015 年	2015 ~ 2018 年	2000 ~ 2018 年
耕地	- 2.11	- 3 403.76	3 402.87	- 5 572.93	- 930.25
林地	2.21	4 095.42	- 139.624	1 287.69	204.01
草地	- 0.02	- 541.89	539.22	24.89	- 62.73
水域	- 0.03	- 81.36	81.68	2 958.83	489.78
建设用地	0	- 68.412	119.452	1 314.843	299.190

表6-11　2000~2018年土地利用类型面积年变化总幅度

土地利用	2000年		2018年		总变化（hm²）	年均变化（hm²）	年均幅度（%）
	面积（hm²）	占比（%）	面积（hm²）	占比（%）			
耕地	55 319.29	57.74	38 574.73	40.26	-16 744.56	-930.25	-2.41
林地	31 024.00	32.38	34 696.11	36.21	3 672.11	204.01	0.59
草地	2 899.55	3.03	1 770.42	1.85	-1 129.13	-62.73	-3.54
水域	3 722.56	3.89	12 538.65	13.09	8 816.09	489.78	3.91
居民用地	2 844.01	2.97	8 229.50	8.59	5 385.49	299.19	3.64

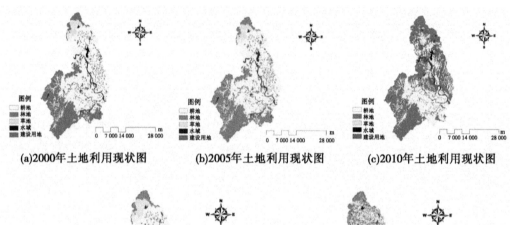

(a)2000年土地利用现状图　　(b)2005年土地利用现状图　　(c)2010年土地利用现状图

(d)2015年土地利用现状图　　　　(e)2018年土地利用现状图

图6-4　2000~2018年土地利用现状图

从表6-9~表9-11和图6-4、图6-5可以看出：

（1）2000~2018年出山店水库研究区土地利用类型变化：耕地面积大幅减少，草地面积减小变幅最大，林地、水域、建设用地呈增加态势。

（2）出山店水库研究区土地利用类型面积变化总幅度：在研究时段内土地利用结构类型发生了一定变化，耕地、水域、林地、建设用地面积变化较大，草地面积变化较小；耕地面积减少最大，草地减少最小、幅度最大；水域增加最多，其次是建设用地和林地。

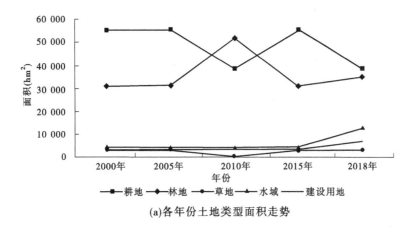

(a)各年份土地类型面积走势

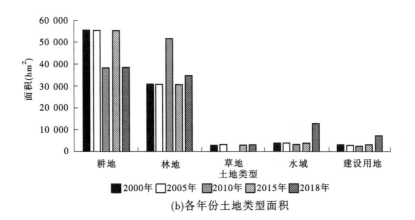

(b)各年份土地类型面积

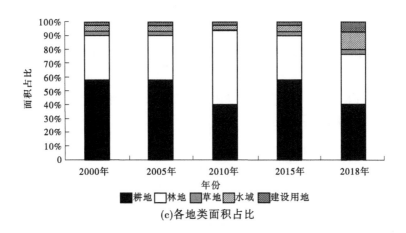

(c)各地类面积占比

图 6-5　不同时期土地利用类型面积变化幅度分析结果

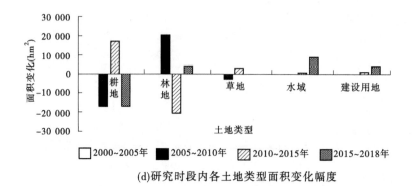

(d)研究时段内各土地类型面积变化幅度

续图6-5

（3）各土地利用类型面积变化幅度：水域面积增加幅度最大，从2000～2018年共增加8 816.09 hm²，年平均增加489.78 hm²，所占土地总面积比由3.03%提高到13.09%，年增长率达3.91%；建设用地面积增大幅度仅小于水域面积，由2000年2 844.01 hm²增加到2018年8 229.50 hm²，所占土地总面积比由2.97%提高到8.59%，年均增长率3.64%；林地面积增大幅度最小，由2000年31 024.00 hm²增加到2018年34 696.11 hm²，所占土地总面积比由32.38%提高到36.21%，年均增长率0.59%；草地面积减小幅度最大、减小总量较小，由2000年2 899.55 hm²降为1 770.42 hm²，18年间共减少1 129.13 hm²，所占土地总面积比由3.03%降低到1.85%，年减少率为3.54%；耕地面积减小幅度较大、减小总量最大，由2000年55 319.29 hm²降为38 574.73 hm²，18年间共减少16 744.56 hm²，所占土地总面积比由57.74%降低到40.26%，年减少率2.41%；耕地面积减少原因首先与水库修建相关，淹没区涉及浉河区游河乡、吴家店镇和平桥区平昌关镇、甘岸办事处总面积61.25 km²，淹没区除建设用地外主要为耕地；另外是近年来人口增长、产业结构调整、城市化等经济社会快速发展带动基础设施建设增加，建设用地不断增加，相应耕地面积减少。

6.5　出山店水库土地利用结构变化速度分析

　　某一时间段内土地利用类型面积变化快慢即土地利用结构变化速度，可用单一型和综合型两种土地利用动态度表征。

6.5.1　单一型土地利用动态度

　　（1）单一型土地利用动态度是一定时间范围内某一种土地利用类型数量变化度，用R_1表示，计算式为

$$R_1 = \frac{U_b - U_a}{U_a} \times \frac{1}{T} \times 100\% \tag{6-5}$$

式中　R_1——T时段内某一种土地利用类型数量的动态度；

　　　U_a、U_b——T时段期初和期末某一种土地利用类型的数量；

　　　T——研究时段。

将 2000~2005 年、2005~2010 年、2010~2015 年、2015~2018 年各时间段土地利用类型面积数据由式(6-5)计算得各时期单一型土地利用动态度,见表6-12、图6-6。

表 6-12　2000~2018 年各时期单一土地利用动态度

土地类型	2000~2005 年	2005~2010 年	2010~2015 年	2015~2018 年	2000~2018 年
耕地	−0.003 8%	−6.154 1%	8.887 1%	−10.076 9%	−1.680 5%
林地	0.007 1%	13.196 6%	−8.036 2%	4.178 9%	0.654 2%
草地	−0.000 6%	−18.689 2%	283.755 2%	0.400 7%	0.155 7%
水域	−0.000 8%	−2.412 4%	2.463 5%	79.452 7%	13.249 5%
建设用地	0	−2.405 7%	4.631 0%	42.676 8%	8.169 5%

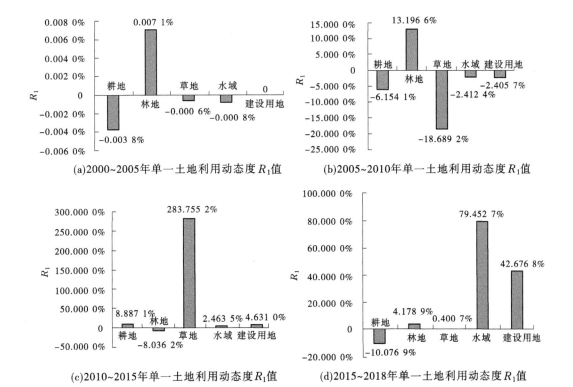

(a)2000~2005年单一土地利用动态度 R_1 值

(b)2005~2010年单一土地利用动态度 R_1 值

(c)2010~2015年单一土地利用动态度 R_1 值

(d)2015~2018年单一土地利用动态度 R_1 值

图 6-6　不同时段单一土地利用动态度

分析可知,2000~2005 年土地利用变化较小;2005~2010 年与 2010~2015 年时段内,耕地、林地、草地、水域面积变化比较明显,耕地面积先减少后增加,林地面积先增加后减少,草地面积先减少后增加,水域面积先减少后增加;2005~2015 年各土地利用类型总面积变化较小;2015~2018 年水域与建设用地土地 R_1 较大,由于耕地面积基数大、R_1 相对较小,但耕地土地利用结构变化幅度较大。

(2)单一型土地空间动态度,是研究某一土地利用类型在时间段上的空间变化,用 R_2 表示,计算式为

$$R_2 = \frac{\Delta U_{in} + \Delta U_{out}}{U_a} \times \frac{1}{T} \times 100\% \qquad (6\text{-}6)$$

式中　ΔU_{in}——研究时段内其他土地利用类型转化为该土地利用类型的面积;

　　　ΔU_{out}——研究时段内该土地利用类型转化为其他土地利用类型的面积;

　　　U_a——研究期初该土地利用类型面积。

将2000~2005年、2005~2010年、2010~2015年、2015~2018年各时间段土地利用类型数据由式(6-6)计算得各时期单一型土地空间动态度,见表6-13、图6-7、图6-8。

表6-13　2000~2018年各时期单一土地空间动态度

土地类型	2000~2005年	2005~2010年	2010~2015年	2015~2018年
耕地	0.004 7%	10.950 0%	16.090 0%	19.501 4%
林地	0.009 1%	18.960 0%	11.664 0%	21.817 5%
草地	0.000 6%	20.521 0%	312.613 0%	54.595 3%
水域	0.006 2%	10.543 1%	16.936 3%	98.679 2%
建设用地	0	27.967 5%	35.688 4%	85.510 2%

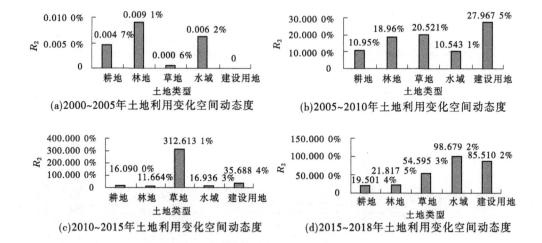

图6-7　不同时段土地利用空间动态度

分析可知,2000~2005年各土地利用类型之间的转化很小,几乎不存在变化;2005~2010年和2010~2015年耕地、林地、草地、建设用地空间动态变化比较剧烈,水域空间动态变化较小;2005~2010年和2010~2015年两个时段内,耕地、林地、草地、建设用地转入与转出数量均较明显;2015~2018年每种土地利用类型空间动态变化均比较剧烈,水域和建设用地空间动态变化尤为剧烈。

6.5.2　综合型土地利用动态度

综合型土地利用动态度表示某一区域所有土地利用类型的整体动态,全面考虑了研究时段内所有土地利用类型之间的相互转化,是揭示区域土地利用变化剧烈程度、反映不

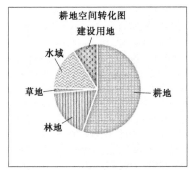
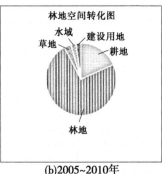
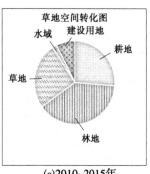

(a)2000~2005年　　　　　(b)2005~2010年　　　　　(c)2010~2015年

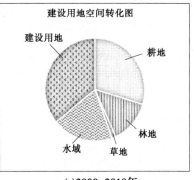

(d)2015~2018年　　　　　　　　(e)2000~2018年

图 6-8　不同时段不同土地利用类型空间转化图

同空间尺度上土地利用变化的热点区域,有利于土地利用变化趋势预测,用 LC 表示,计算式为

$$LC = \frac{\sum\limits_{i=1}^{n} \Delta LU_{i-j}}{2\sum\limits_{i=1}^{n} LU_i} \times \frac{1}{T} \times 100\% \tag{6-7}$$

式中　LC——T 时段内综合型土地利用动态度;

　　　LU_i——T 起始时刻第 i 类土地利用类型面积;

　　　ΔLU_{i-j}——T 时段内第 i 类土地利用类型转化为其他土地利用类型面积绝对值;

　　　T——监测时段。

利用 2000~2005 年土地利用数据由式(6-7)计算 ΔLU_{i-j} 值:耕地 11.79%、林地 1.17%、草地 0.09%、水域 1.16%、建设用地 0,求和 ΔLU_{i-j} = 14.21, $\sum\limits_{i=1}^{n} LU_i$ = 95 809.41。

计算可得 2000~2005 年 $LC = \dfrac{14.21}{2 \times 95\ 809.41} \times \dfrac{1}{5} \times 100\%$ = 0.001 5%;

同理计算可得:2005~2010 年数据计算可得:LC = 3.578 8%;

2010~2015 年数据计算可得:LC = 3.709 9%;

2015~2018 年数据计算可得:LC = 6.575 5%;

不同时段土地利用综合动态度结果见图 6-9。

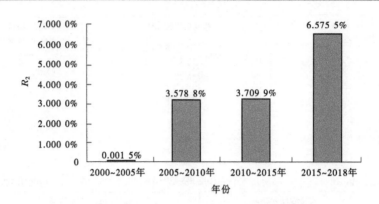

图 6-9　不同时段土地利用综合动态度图

分析可知,2000~2005 年 LC 值极小,土地利用几乎不发生变化;2005~2010 年 LC 为 3.578 8%,2010~2015 年 LC 为 3.709 9%,2015~2018 年 LC 为 6.575 5%,可以看出 2005~2010 年土地利用变化剧烈程度与 2010~2015 年相当,2015~2018 年土地利用变化剧烈程度高于 2005~2010 年和 2010~2015 年变化程度。

6.6　出山店水库土地利用动态演变分析结果

利用研究区遥感数据、DEM 数据以及相关基础地理数据,在 GIS 技术支持下,对不同年份出山店水库研究区遥感影像和土地利用进行地理计算和空间分析,通过构建 Markov 转移矩阵、单一型动态度、综合型动态度模型,基于高程、坡度、坡向地形分异特征的土地利用空间分布特征变化分析,同时对土地利用结构的变化幅度、变化速度进行分析,以及单一型土地利用动态度、综合型土地利用动态度计算,出山店水库研究区土地利用景观 2000~2018 年动态演变分析结果如下:

(1)在低海拔高程、地形平缓的区域土利用分布变化最大;耕地面积大幅减少,草地面积减少最小、减小幅度最大;林地、水域、建设用地呈增加态势,水域面积增加最多,其次是建设用地和林地。

(2)2000~2015 年各土地利用类型总面积变化较小;2015~2018 年水域与建设用地土地 R_1 较大,由于耕地面积基数大,R_1 相对较小,但耕地土地利用结构变化幅度较大。2000~2005 年各土地利用类型间的转化很小;2005~2015 年耕地、林地、草地、建设用地转入与转出均较明显,空间动态变化比较剧烈,水域空间动态变化较小;2015~2018 年土地利用类型空间动态变化均比较剧烈,水域与建设用地空间动态变化尤为剧烈。

(3)2000~2005 年 LC 值极小;2005~2010 年 LC 为 3.578 8%,2010~2015 年 LC 为 3.709 9%,2015~2018 年 LC 为 6.575 5%;2015~2018 年土地利用变化剧烈程度高于 2005~2015 年变化程度。

根据出山店水库研究区实际分析可知,社会经济发展带动基础设施建设力度加大,建设用地面积增加,耕地面积减少;近年来生态保护和水土保持综合治理,林地面积增大,随着出山店水库建成运行与水库综合效益发挥,以及研究区农业经济为主导的地位逐渐多元化,以生态为主的多种经济用地逐步发展,研究区土地利用动态演变将向着生态方向发展。

6.7　小　结

通过构建 Markov 转移矩阵、单一型动态度、综合型动态度模型,基于高程、坡度、坡向地形分异特征土地利用类型分布变化分析,以及土地利用结构变化幅度、变化速度分析,单一型动态度、综合型动态度计算分析,出山店水库研究区土地利用 2000~2018 年动态演变分析结果:2000~2015 年各土地利用类型总面积变化较小;2015~2018 年水域与建设用地土地 R_1 较大,耕地面积基数大而 R_1 相对较小,耕地土地利用结构变化幅度较大。2000~2005 年各土地利用类型之间的转化很小;2005~2015 年耕地、林地、草地、建设用地转入与转出均较明显,空间动态比较剧烈,水域空间动态较小;2015~2018 年土地利用类型空间动态均比较剧烈,水域与建设用地空间动态尤为剧烈。2000~2005 年 LC 值极小;2005~2010 年 LC 为 3.578 8%,2010~2015 年 LC 为 3.709 9%,2015~2018 年 LC 为 6.575 5%;2015~2018 年土地利用变化剧烈程度高于 2005~2015 年变化程度。

第 7 章　生态脆弱性

全球气候变化、人类活动加剧，导致生态脆弱性问题突出，对人类赖以生存和发展的生态环境造成重大影响。生态脆弱性是生态系统及其组成要素在内外扰动时易受损程度的性质；通过生态脆弱性评价，识别生态系统脆弱性的成因机制及其变化规律，可为生态保护与生态恢复确定方向。淮河上游是淮河流域的生态屏障区，出山店水库研究区作为一个自然–社会–经济复合生态系统，对其生态脆弱性进行评价具有重要意义。

7.1　评价指标体系

生态脆弱性由内部脆弱性和外部脆弱性共同决定，内部脆弱性源于生态环境自身结构，受到地形地貌、水文气象等自然条件影响；外部脆弱性源于外界扰动，受人类活动因素影响；以生态系统稳定为前提的生态敏感性—生态恢复力—生态压力度模型广泛应用于生态评价。依据稳定性、主导性、科学性、可行性、独立性、适应性原则，根据出山店水库生态环境特点，从生态敏感性、生态恢复力、生态压力度三个层面选取 17 个指标构建出山店水库研究区生态脆弱性评价指标体系，并根据所选指标对生态脆弱性影响性质将所选指标分为正向指标、负向指标和定性指标。

出山店水库研究区生态脆弱性评价指标体系见表 7-1。

表 7-1　出山店水库研究区生态脆弱性评价指标体系

目标层	准则层	指标层	指标属性
生态敏感性	地形因子	高程(m)	正向指标
		坡度(°)	正向指标
		地形起伏度(°)	正向指标
	地表因子	景观多样性	负向指标
		景观破碎度	正向指标
		土地利用类型	定性指标
	气象因子	年均气温(℃)	负向指标
		年均降水量(mm)	正向指标
		极端最高温(℃)	正向指标
		极端最低温(℃)	负向指标
		极端暴雨日数(d)	正向指标
生态恢复力	植被因子	归一化植被指数(NDVI)	负向指标

续表7-1

目标层	准则层	指标层	指标属性
生态压力度	社会因子	人口密度(人/km²)	正向指标
		人均GDP(万元/人)	正向指标
		人均耕地(亩/人)	负向指标
		土地利用程度(%)	正向指标
		第二产业比重(%)	正向指标

7.2 指标数据标准化

生态脆弱性指标数据主要有遥感影像数据、水文气象数据、DEM数据和经济社会数据;土地利用/覆被数据基于2018年GF-2遥感影像、人机交互解译数据;水文气象数据来源于出山店水库工程资料和国家气象科学数据共享服务平台(数据年份2018年);经济社会数据来源于河南省统计年鉴、信阳市统计年鉴及信阳市平桥区、浉河区统计公报等。

通过对原始指标数据进行极差标准化和分级赋值标准化处理,解决各评价指标性质不同、量纲各异问题。

(1)极差标准化。

采用极差法对所有指标进行标准化处理,计算公式如下:

正相关: $V_{ij} = (a_{ij} - a_{i,\min})/(a_{i,\max} - a_{i,\min})$ (7-1)

负相关: $V_{ij} = 1 - [(a_{ij} - a_{i,\min})/(a_{i,\max} - a_{i,\min})]$ (7-2)

式中 V_{ij}——指标数据标准化结果;

a_{ij}——i指标数据在像元j的真实值;

$a_{i,\min}$——i指标数据在像元j的最小值;

$a_{i,\max}$——i指标数据在像元j的最大值。

(2)分级赋值标准化。

根据出山店水库研究区土地利用类型实际情况,按照分级赋值方法对定性指标进行定量化赋值,结果见表7-2。

表7-2 出山店水库研究区生态脆弱性评价指标标准化赋值结果

指标	标准化赋值				
	2	4	6	8	10
土地利用/覆被类型	林地、水体	草地	耕地	建设用地	未利用地

7.3 评价指标权重

评价指标权重主要有以下几种。

(1)AHP权重。

层次分析法是定性与定量相结合的权重计算方法,计算时首先分析各指标之间关系,对各指标进行两两比较且用 1~9 对其重要性进行标记,构建判断矩阵;其次计算各指标权重;最后对计算结果进行一致性检验,判断是否合理。

(2)主成分权重。

主成分分析法是实现数据信息重组降维、在指标信息量损失最小前提下,把多个变量转换为少数几个相关性极低的主成分因子,进行指标权重确定。计算时首先构建相关系数矩阵;其次计算特征值、因子贡献率和主成分确定;最后利用数学模型完成权重确定。其计算公式如下:

$$H_j = \sum_{j=1}^{m} \lambda_{jk}^2 \quad (j = 1,2,\cdots,9; k = 1,2,\cdots,5) \tag{7-3}$$

$$W_j = H_j / \sum_{j=1}^{8} H_j \quad (j = 1,2,\cdots,8) \tag{7-4}$$

式中　H_j——各指标的公因子方差;

　　　W_j——各指标的权重;

　　　λ——评价指标;

　　　j——指标个数;

　　　k——主成分数量。

研究对各指标进行主成分分析,按累积因子贡献率选择 6 个变量作为主成分因子,分别为 PC_1、PC_2、PC_3、PC_4、PC_5、PC_6。

(3)最小相对信息熵。

最小相对信息熵计算数学模型如下:

$$\min F = \sum_{j=1}^{m} w_j (\ln w_j - \ln w_{1j}) + \sum_{j=1}^{m} w_j (\ln w_j - \ln w_{2j}) \tag{7-5}$$

$$s,t \sum_{j=1}^{m} w_j = 1 \quad (w_j > 0, j = 1,2,\cdots,m) \tag{7-6}$$

利用拉格朗日中值定理求得 w_j 为

$$w_j = \frac{(w_{1j}/w_{2j})^{0.5}}{\sum_{j=1}^{m} (w_{1j}/w_{2j})^{0.5}} \quad (j = 1,2,\cdots,m) \tag{7-7}$$

研究中规定 w_{1j} 和 w_{2j} 分别为地面高程、土地利用类型、土壤类型等 9 个指标,利用 AHP 和 PCA 计算主客观权重,由最小信息熵原理可知,w_j 与两权重越接近则越准确。出山店水库研究区生态脆弱性评价指标主成分因子权重结果见表 7-3。

表 7-3　出山店水库研究区生态脆弱性评价指标主成分因子权重结果

年份	主成分系数	主成分					
		PC_1	PC_2	PC_3	PC_4	PC_5	PC_6
2018	特征值 λ	4.143	3.942	2.529	1.446	1.096	1.006
	贡献率(%)	24.370	23.188	14.879	8.507	6.448	5.920
	累积贡献率(%)	24.370	47.559	62.437	70.944	77.393	83.312

7.4　生态脆弱性评价

综合评价各指标对生态脆弱性的影响,构建生态脆弱性模型计算生态脆弱性指数(EVI),定量反映研究区生态脆弱性。充分考虑评价指标之间的相关性,以及指标信息在一定程度上的重叠,且指标过多将增加分析问题的复杂性。基于数理统计原理,在空间主成分分析(PCA)时充分考虑评价指标之间相互关系,在损失信息最少的前提下将多个指标转换为少数几个互不相关的综合指标。

对 17 个生态脆弱性评价指标基于 ArcGIS 技术支持进行空间主成分分析,按照主成分累积贡献率确定的 6 个主成分进行空间主成分分析,同时计算生态脆弱性指数(EVI),计算公式如下:

$$EVI = r_1 Y_1 + r_2 Y_2 + \cdots + r_n Y_n \tag{7-8}$$

式中　EVI——生态脆弱性指数;

　　　Y_i——第 i 个主成分;

　　　r_i——第 i 个主成分贡献率。

为利于 EVI 定量比较,对 EVI 进行标准化处理,标准化公式如下:

$$S_i = \frac{EVI_i - EVI_{\min}}{EVI_{\max} - EVI_{\min}} \times 10 \tag{7-9}$$

式中　S_i——第 i 年生态脆弱性指数标准化值,范围 0 ~ 10;

　　　EVI_i——第 i 年生态脆弱性指数实际值;

　　　$EVI_{\max}$——所有格网单元生态脆弱性指数最大值;

　　　$EVI_{\min}$——所有格网单元生态脆弱性指数最小值。

参照国内外生态脆弱性评价标准,通过 EVI 标准化 S_i 计算,将出山店水库研究区生态脆弱性共划分为 5 个等级:微度脆弱、轻度脆弱、中度脆弱、重度脆弱和极度脆弱。出山店水库研究区生态脆弱性评价等级划分结果见表7-4。

表7-4　出山店水库研究区生态脆弱性评价等级划分结果

脆弱性程度	等级	生态脆弱性指数 EVI 标准化 S_i 值	生态脆弱性特征	研究区范围
微度脆弱	1 级	0 ~ 2	生态系统结构、功能合理完善,承受压力小,生态系统稳定,抗外界干扰能力、自我恢复能力强,无生态异常出现,生态脆弱性低	研究区南部地区
轻度脆弱	2 级	2 ~ 3	生态系统结构、功能较为完善,承受压力较小,生态系统较稳定,抗外界干扰能力、自我恢复能力较强,存在潜在生态异常,生态脆弱性较低	研究区西南部地区

续表7-4

脆弱性程度	等级	生态脆弱性指数 EVI 标准化 S_i 值	生态脆弱性特征	研究区范围
中度脆弱	3级	3~4	生态系统结构、功能尚可维持,承受压力接近生态阈值,生态系统较不稳定,对外界干扰较为敏感,自我恢复能力较弱,有少量生态异常,生态脆弱性较高	研究区西部地区
重度脆弱	4级	4~6	生态系统结构、功能出现缺陷,所承受压力大,生态系统不稳定,对外界干扰敏感性强,受损后恢复难度大,生态脆弱性高	研究区北部、东北地区
极度脆弱	5级	6~10	生态系统结构、功能严重退化,所承受压力极大,生态系统极不稳定,对外界干扰极度敏感,受损后恢复难度极大,甚至不可逆转,生态脆弱性极高	以库区为中心周边局部区域

7.5　出山店水库生态脆弱性评价结果分析

按照稳定性、主导性、科学性、可行性、独立性、适应性原则,从生态敏感性、生态恢复力、生态压力度三个层面选取 17 个指标构建出山店水库研究区生态脆弱性评价指标体系,并对指标数据标准化处理,在 ArcGIS 技术支持下,对 17 个生态脆弱性评价指标进行空间主成分分析确定 6 个主成分,进行生态脆弱性指数(EVI)计算和标准化 S_i 处理,S_i 值计算结果见表7-5,根据 S_i 计算结果进行出山店水库研究区生态脆弱性等级划分,见图7-1。

表 7-5　各弹性景观单元生态脆弱性指数 S_i 值计算结果

景观单元编号	S_i 值	景观单元编号	S_i 值
1	2.6	17	9.7
2	6.6	18	7.9
3	4.2	19	8.4
4	6.8	20	9.6
5	6.9	21	8.7
6	8.0	22	6.6
7	8.0	23	8.6
8	6.6	24	7.9
9	7.4	25	5.2
10	10.0	26	4.9

续表 7-5

景观单元编号	S_i 值	景观单元编号	S_i 值
11	0.9	27	6.0
12	6.0	28	0
13	8.1	29	2.5
14	6.3	30	1.9
15	9.7	31	5.4
16	8.8	32	3.0

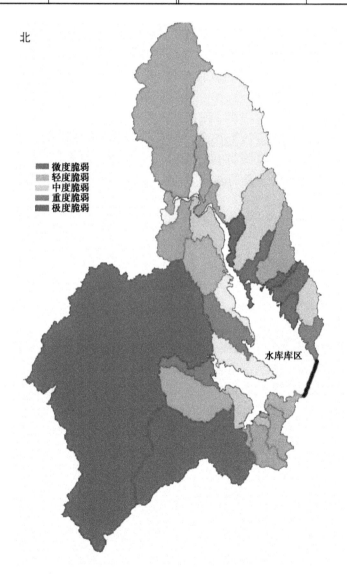

图 7-1　出山店水库研究区生态脆弱性分布

（1）出山店水库研究区生态脆弱性分布特征。

出山店水库研究区生态脆弱性空间分布特征明显,总体呈现西北生态脆弱性高、东南生态脆弱性低的格局;极度脆弱主要集中于库区周边局部区域,重度脆弱主要分布于库区北部、东北部地区,中度脆弱广泛分布于库区西部,轻度脆弱主要分布于西南部,微度脆弱集中于南部等地区。

（2）生态脆弱性驱动因子。

通过生态脆弱性评价指标主成分分析,第 1 主成分与人口密度、GDP、人均耕地、第二产业比重等因子相关性大,主要反映人口、经济社会等发展情况,可作为人口增长与经济社会发展主成分;第 2、3 主成分与坡度、地形、气温、极端最高温、极端最低温、降水量、极端暴雨日数等因子相关性大,分别反映地形地貌和气候状况,可看作自然本底主成分;第 4、5、6 主成分分别与归一化植被指数、景观多样性指数、景观破碎度等生态景观特征相关,分别表征自然和生态状况,可作为自然生态主成分。综上所述,出山店水库研究区生态脆弱性驱动因子主要为人口密度、人均 GDP、人均耕地、产业比重、坡度、地形起伏度、年均气温、极端最高温、极端最低温、年均降水量、极端暴雨日数。

（3）生态脆弱性变化趋势。

分析可知,出山店水库研究区生态脆弱性显著增加区域多为重度和极度脆弱生态等级范围,显著降低区域多为微度脆弱生态等级范围,说明出山店水库研究区生态脆弱性呈现高脆弱性地区脆弱性增强、低度脆弱性地区脆弱性减弱的两极化趋势。

7.6　小　结

从生态敏感性、生态恢复力和生态压力度 3 个层面选取 17 个指标构建出山店水库研究区生态脆弱性评价指标体系,确定 6 个主成分对生态脆弱性指数(EVI) 计算及标准化 S_i 处理和生态脆弱性等级划分。出山店水库研究区生态脆弱性空间分布特征明显,总体呈现西北生态脆弱性高、东南生态脆弱性低的格局;极度脆弱主要集中在库区周边局部区域,重度脆弱主要在库区北部、东北部地区,中度脆弱广泛分布于库区西部,轻度脆弱主要分布于西南部,微度脆弱集中南部地区。出山店水库研究区生态脆弱性显著增加区域多为重度和极度脆弱生态类型,生态脆弱性显著降低区域多属微度脆弱生态类型,表明出山店水库生态脆弱性呈现高脆弱性地区脆弱性增强、低度脆弱性地区脆弱性减弱的两极化趋势。

第 8 章　水土保持生态系统服务功能

生态系统服务功能是生态系统与生态过程所形成及所维持人类赖以生存的自然环境条件与效用,其价值分为直接利用价值、间接利用价值、选择价值和存在价值。直接利用价值主要是生态系统产品所产生的价值,可以用产品市场价格进行估算;间接利用价值主要是生态系统间接的环境功能价值,即不能商品化的生态系统服务功能,包括保持土壤肥力、净化空气、调节气候、涵养水源、调蓄洪水等功能,可根据生态系统服务功能类型确定;选择价值是人们为将来能直接利用与间接利用某种生态系统服务功能的支付意愿,是一种未来价值或潜在价值,属于难以计量价值;存在价值是人们为确保生态系统服务功能继续存在的支付意愿,属无法计量价值。

生态系统服务功能的经济价值评估方法主要有三类:直接市场法(费用支出法、市场价值法、机会成本法、恢复和防护费用法、影子工程法、人力资本法)、替代市场法(包括旅行费用法、享乐价格法)、模拟市场价值法(条件价值法)。生态系统服务功能的经济价值评估步骤:第一步,按一定标准将研究区内生态系统进行分类,分析各生态系统类型与各等级生态功能和生态效益;第二步,按不同测算方法计算各种类型生态系统服务的单位面积资本;第三步,定量评估计算各生态功能价格和生态系统服务功能的总价值。

8.1　出山店水库水土保持生态系统服务功能评估体系及原则

出山店水库水土保持生态系统服务功能是水库建设及运行期内研究区各种地表生态系统所产生水土保持服务功能总价值;出山店水库研究区水土保持生态系统主要有林地生态系统、草地生态系统、耕地生态系统和水域生态系统。

运用生态学和经济学等理论,结合出山店水库研究区生态系统实际情况,对出山店水库水土保持生态系统服务功能进行评估,应遵循以下原则。

(1)动态值。

水土保持生态系统服务功能计算值是某一时间内、一定面积林地、草地、耕地、水域生态系统所产生的生态系统服务功能总量,是一个固定值;由于研究区林地、草地、耕地及水域面积在较长时间内是动态变化的,面积变化必将影响其生态系统服务功能价值,因此出山店水库研究区水土保持生态系统服务功能是动态值。

(2)较小值。

对出山店水库水土保持生态系统服务功能计算,只考虑因生态系统面积改变产生的生态环境效益变化,不考虑系统间连锁反应,主要对水土保持生态系统服务功能进行定量评估;出于谨慎原则,在面对水土保持生态系统服务功能产生一定范围的效益计算时均采用其中平均值或较小值。

（3）水土保持生态系统服务功能值（年度值）。

针对价值量评估具有可加性、可比性特点,研究评估的水土保持生态系统服务功能是年度值,即出山店水库研究区每年的水土保持生态系统服务功能价值。

8.2　出山店水库水土保持生态系统服务功能计算方法

出山店水库是目前河南省投资最大的单项水利工程,坝址距信阳市约 15 km,是以防洪为主,结合灌溉、供水、兼顾发电等综合利用的大型水利枢纽工程,控制流域面积 2 900 km²,总库容 12.51 亿 m³（其中防洪库容 6.91 亿 m³、兴利库容 1.45 亿 m³）,水库工程建设和运行必将对周围生态环境产生影响。关于生态环境影响方面研究的有益成果丰富,有关水库域水土保持生态环境影响定量研究鲜少,评估理论和方法尚不完善。运用生态系统服务功能价值基本理论,从物质量与价值量两个层面定量开展出山店水库地表水土保持生态系统服务功能价值进行计算。

（1）地表水土保持生态系统总服务功能计算程序。

主要对出山店水库研究区林地、草地、耕地和水域进行水土保持生态系统服务功能价值计算。林地、草地、耕地水土保持生态系统服务功能主要计算涵养水源、土壤保持价值;水域生态系统服务功能主要计算调蓄洪水、水资源蓄积价值。

出山店水库地表水土保持生态系统服务功能价值计算流程见图 8-1。

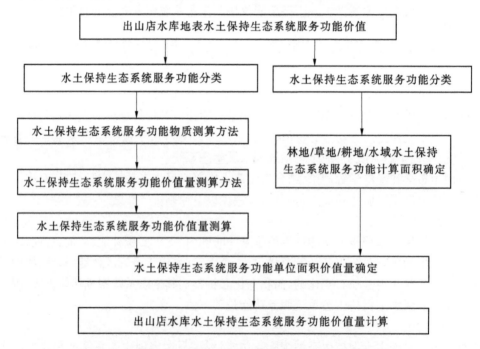

图 8-1　出山店水库水土保持生态系统服务功能价值计算流程

（2）地表水土保持生态系统服务功能计算方法。

参考已有研究成果提出出山店水库水土保持生态系统服务功能价值计算方法,总价值计算公式如下：

$$B = \sum B_{ij} = \sum_{j=1}^{m} \sum_{i=1}^{n} D_{ij} A_i = \sum_{j=1}^{m} \sum_{i=1}^{n} A_i C_{ij} S_{ij} \qquad (8\text{-}1)$$

式中　B——区域水土保持生态系统服务功能总价值；

　　　B_{ij}——第 i 类典型水土保持生态系统第 j 项水土保持生态系统服务功能价值；

　　　D_{ij}——第 i 类典型水土保持生态系统第 j 项水土保持生态系统服务功能单位价值；

　　　A_i——第 i 类典型水土保持生态系统面积；

　　　C_{ij}——单位面积第 i 类典型水土保持生态系统每年产生第 j 种水土保持生态系统服务功能能力；

　　　S_{ij}——在利用市场价值法或非市场价值法等计算第 i 类典型水土保持生态系统产生的第 j 种水土保持生态系统服务功能价值时采用的替代价格或成本。

　　出山店水库研究区地表水土保持生态系统服务功能总价值为 B_c，将地表生态系统中的林地生态系统、草地生态系统、耕地生态系统和水域生态系统的服务功能价值分别用 B_1、B_2、B_3、B_4 表示，则有如下公式：

$$B_c = B_1 + B_2 + B_3 + B_4 \qquad (8\text{-}2)$$

　　根据式(8-1)～式(8-2)具体到每种水土保持生态系统服务功能价值计算时，选择影子价格法、影子工程法、机会成本法和费用分析法等计算方法，根据水土保持生态系统服务功能特点，水土保持生态系统服务功能货币价值全部通过物价指数换算折合为按 2019 年价格标准价进行计算。

　　影子价格法：利用替代市场技术寻找环境商品替代市场，再以市场上与其相同产品价格来估算该环境商品价值，计算公式为

$$V = QSP \qquad (8\text{-}3)$$

式中　V——生态系统某项服务的价值；

　　　Q——该项服务的量；

　　　SP——该项服务的影子价格。

　　机会成本法：在其他条件相同时，把一定的资源用于生产某种产品时所放弃的生产另一种产品的价值，或利用一定的资源获得某种收入时所放弃的另一种收入。

　　费用分析法：用恢复或防护一种资源不受污染所需费用作为环境资源破坏带来的最低经济损失，即恢复费用法和防护费用法。

　　影子工程法：是恢复费用法的一种特殊形式，是在生态系统遭受破坏后人工建造一个工程来代替原来的生态系统服务功能，用建造新工程的费用来估算环境污染或生态破坏所造成的经济损失的一种方法，计算公式为

$$V = G = \sum X_i \quad (i = 1,2,3,\cdots,n) \qquad (8\text{-}4)$$

式中　V——生态系统某项服务价值；

　　　G——替代工程造价；

　　　X_i——替代工程中 i 项目建设费用。

　　当生态系统服务功能价值难以直接估算时，可借助能够提供类似功能的替代工程或影子工程费用替代该生态系统服务功能的价值。

（3）出山店水库水土保持生态系统面积。

出山店水库地表水土保持生态系统面积采用基于 ArcGIS 技术支持的 2018 年夏态时相 2 m 分辨率 GF - 2 真彩色融合遥感影像人机交互解译数据信息，见表 8-1。

表 8-1　出山店水库水土保持生态系统面积

水土保持生态系统类型	水土保持生态系统服务功能计算面积（hm²）
林地水土保持生态系统	34 696.11
草地水土保持生态系统	1 770.42
耕地水土保持生态系统	38 574.73
水域水土保持生态系统	12 538.65

8.3　林地水土保持生态系统服务功能价值（B_1）

参照《森林生态系统服务功能评估规范》（LY/T 1721—2008），林地水土保持生态系统服务功能主要包括涵养水源、保育土壤等方面的生态服务功能，对林地水土保持生态系统服务功能进行实物量与价值量进行计算。

结合水土保持特点，对林地涵养水源、土壤保持两方面水土保持生态系统服务功能进行价值计算，计算方法和单位价值量参考《森林生态系统服务功能评估规范》（LY/T 1721—2008）和国内相关研究成果。

水土保持林地生态系统服务功能（B_1）主要包括涵养水源（B_{11}）、土壤保持（B_{12}），计算公式为

$$B_1 = B_{11} + B_{12} \tag{8-5}$$

8.3.1　涵养水源（B_{11}）

林地生态系统涵养水源总量采用林地区域水量平衡法计算，在计算林地每年涵养水源总量的基础上，根据林地年水源涵养总量和定价标准，计算林地年涵养水源量经济价值，计算公式为

$$B_{11} = WP = (R - E)AP \tag{8-6}$$

式中　B_{11}——林地年含水量的经济价值，元；

　　　W——涵养水源量，m^3/a；

　　　R——年平均降雨量，mm/a；

　　　A——林地面积，hm^2；

　　　E——林地平均蒸散量，mm/a；

　　　P——单位蓄水费用，0.67 元/m^3。

R、E 值采用根据出山店水库工程设计成果中的观测资料。

8.3.2　土壤保持(B_{12})

林地土壤保持(B_{12})效益主要有固持土壤、保肥、防止泥沙滞留和淤积等效益。

（1）固持土壤效益。

固持土壤实物量计算公式为

$$B_{12实} = A_{12}C_{12} \tag{8-7}$$

式中　$B_{12实}$——林分年固土量，t/a；

　　　A_{12}——林地面积，hm^2；

　　　C_{12}——单位面积林地年防止土壤侵蚀能力，取值 11.11 t/hm^2。

固持土壤价值量计算公式为

$$B_{12价} = (B_{12实} \div \rho \div h)S_{12} \tag{8-8}$$

式中　$B_{12价}$——固持土壤效益值，万元/a；

　　　$B_{12实}$——林分年固土量，t/a；

　　　ρ——土壤容重，取 1.39 g/cm^3；

　　　h——研究区耕作土壤平均厚度，取 0.5 m；

　　　S_{12}——研究区林业每年平均收益，hm^2/a。

按照土壤侵蚀量和土壤耕作层平均厚度，推算土地减少面积，按照耕作土壤平均厚度 $h = 0.5$ m 作为林地土层厚度，计算每年可能保持的土壤面积（hm^2）。

按照林业生产平均收益 263.58 元/（hm^2·a），采用机会成本法计算林地固持土壤的经济价值。

（2）保肥效益。

减少养分流失量计算公式为

$$B_{12实}' = A_1 C_{12}' \tag{8-9}$$

式中　$B_{12实}'$——减少养分流失量，t/a；

　　　A_1——林地面积，hm^2；

　　　C_{12}'——单位面积林地每年防止养分流失的能力，取 447.23 kg/hm^2。

保肥效益价值量计算公式为

$$B_{12价}' = B_{12实}'S_{12}' \tag{8-10}$$

式中　$B_{12价}'$——保肥效益值，万元/a；

　　　S_{12}'——土壤养分影子价格，以 2019 年农业农村部中国农业信息网公布的春季化肥平均价格计取，取值为 2 300 元/t。

（3）防止泥沙滞留和淤积。

根据全国土壤侵蚀流失监测统计，侵蚀泥沙有 24% 淤积于水库、河湖。

防止滞留和淤积泥沙量计算公式为

$$B_{12实}'' = B_{12实} \times 24\% \qquad\qquad (8\text{-}11)$$

式中　$B_{12实}''$——防止滞留和淤积泥沙量,t/a。

价值量计算公式为

$$B_{12价}'' = B_{12实}''S_{12}'' \qquad\qquad (8\text{-}12)$$

式中　$B_{12价}''$——防止泥沙滞留和淤积的效益值,万元/a;

　　　$B_{12实}''$——防止滞留和淤积的泥沙量,t/a;

　　　S_{12}''——防止滞留和淤积单位重量泥沙效益,元/t,S_{12}''按照工程替代法以单位库容造价计算,出山店水库单位库容造价为 7.89 元。

8.3.3　出山店水库林地水土保持生态系统服务功能总价值

根据 GF - 2 遥感影像解译数据信息,出山店水库 2018 年水土保持林地图斑 2 917 个、面积 34 696.11 hm²。利用式(8-6)~式(8-12)经计算,出山店水库林地水土保持生态服务功能总价值 B_1 为 18 749.26 万元,其中涵养水源 488.17 万元、土壤保持 18 261.09 万元(包括固持土壤 14 619.16 万元、保肥效益 3 568.94 万元、防止泥沙滞留与淤积 72.99 万元),林地水土保持生态系统服务功能平均价值 0.540 万元/hm²,见表 8-2。

表 8-2　出山店水库林地水土保持生态系统服务功能价值计算结果

水土保持生态系统类型	计算指标	计算结果
林地水土保持生态系统	面积(hm²)	34 696.11
	涵养水源(万元)	488.17
	土壤保持①+②+③(万元)	18 261.09
	①固持土壤(万元)	14 619.16
	②保肥效益(万元)	3 568.94
	③防止泥沙滞留与淤积(万元)	72.99
	合计(万元)	18 749.26
	平均价值(万元/hm²)	0.540

8.4　草地水土保持生态系统服务功能价值(B_2)

对出山店水库草地生态系统的涵养水源、土壤保持两方面水土保持生态系统服务功能价值进行计算,计算方法与林地水土保持生态系统服务功能价值相同,具体计算指标参考国内相关研究成果并结合出山店水库研究区水土保持实际情况计取。

根据 GF - 2 遥感影像解译数据信息,出山店水库 2018 年水土保持草地图斑 605 个、面积 1 770.42 hm²,经计算,出山店水库草地水土保持生态服务功能总价值 B_2 为 545.40 万元,其中涵养水源 24.91 万元、土壤保持 520.49 万元(包括固持土壤 335.59 万元、保肥效益 182.11 万元、防止泥沙滞留和淤积 2.79 万元),草地水土保持生态系统服务功能平均价值 0.308 万元/hm²,见表 8-3。

表 8-3　出山店水库草地水土保持生态系统服务功能价值计算结果

水土保持生态系统类型	计算指标	计算结果
草地水土保持生态系统	面积(hm²)	1 770.42
	涵养水源(万元)	24.91
	土壤保持①+②+③(万元)	520.49
	①固持土壤(万元)	335.59
	②保肥效益(万元)	182.11
	③防止泥沙滞留与淤积(万元)	2.79
	合计(万元)	545.40
	平均价值(万元/hm²)	0.308

8.5　耕地水土保持生态系统服务功能价值(B_3)

对出山店水库耕地生态系统的涵养水源、土壤保持两方面水土保持生态系统服务功能价值进行计算。

(1)涵养水源。

采用水量平衡法计算研究区耕地生态系统涵养水源物质量,根据单位体积水价值进行涵养水源价值量估算,计算公式为

$$B_{31} = RP \times \sum (1 - \theta) \times S \tag{8-13}$$

式中　B_{31}——涵养水源价值量,元;

　　　R——多年平均降水量,mm;

　　　P——单位体积农业水价,元,取 0.15 元/m³;

　　　θ——耕地径流系数,平均取 0.65;

　　　S——耕地面积,hm²。

(2)土壤保持。

基于通用土壤流失方程计算土壤保持物质量,利用机会成本法、影子价格法和替代工程法将土壤保持功能价值化,计算公式为

$$B_{32} = B_{321} + B_{322} + B_{323} \tag{8-14}$$

式中　B_{32}——土壤保持总价值,元/a;

　　　B_{321}——减少废弃土地价值,元/a;

　　　B_{322}——减少土壤养肥流失价值,元/a;

　　　B_{323}——减少淤泥淤积价值,元/a。

$$B_{321} = QE/(\rho \times h) \tag{8-15}$$

式中　Q——土壤保持总量,t/a;

E——单位面积收益,元/(hm² · a),平均取 37 500 元/(hm² · a);

ρ——土壤容重,g/cm³,取 1.39 g/cm³;

h——土层厚度,取 0.5 m。

$$B_{322} = Q(NC_1/R_2 + PC_2/R_2 + KC_3/R_3 + OC_4) \qquad (8\text{-}16)$$

式中　N、P、K、O——土壤中氮、磷、钾和有机物含量,%,分别取 0.380、0.112、2.245、1.012;

　　　C_1、C_2、C_3、C_4——N、P、K、O 肥价格(元/t),分别取 1 200 元/t、1 300 元/t、2 400 元/t、350 元/t;

　　　R_1、R_2、R_3——肥料中 N、P、K 折算系数,分别取 5.85、6.25、1.67。

$$B_{323} = Q \times 24\% \times W \div \rho \qquad (8\text{-}17)$$

式中　W——1.0 m³ 水库工程费用,元/m³,98.7 亿元/12.51 亿 m³ = 7.89 元/m³。

$$Q = RKLSCP = AQ' \qquad (8\text{-}18)$$

式中　Q——土壤保持量,t/(hm² · a);

　　　R——降水侵蚀力因子;

　　　K——土壤可蚀性因子;

　　　L、S——坡长、坡度因子;

　　　C——植被覆盖与管理因子;

　　　P——水土保持措施因子;

　　　A——耕地面积,hm²;

　　　Q'——耕地保持土壤能力,取 16.65 kg/hm²。

(3)出山店水库耕地水土保持生态系统服务功能总价值。

根据 GF - 2 遥感影像解译数据信息,出山店水库 2018 年耕地图斑 2 111 个、面积 38 574.73 hm²,利用式(8-13)～式(8-18)经计算,出山店水库耕地水土保持生态服务功能总价值 B_3 为 3 174.85 万元,其中涵养水源 376.10 万元、土壤保持 2 978.75 万元(包括减少废弃土地 346.55 万元、减少土壤养肥流失 2 364.70 万元、减少泥沙淤积 87.50 万元),耕地水土保持生态系统服务功能平均价值 0.082 万元/hm²,见表 8-4。

表 8-4　出山店水库耕地水土保持生态系统服务功能价值计算结果

水土保持生态系统类型	计算指标	计算结果
耕地水土保持生态系统	面积(hm²)	38 574.73
	涵养水源(万元)	376.10
	土壤保持①+②+③(万元)	2 798.75
	①减少废弃土地(万元)	346.55
	②减少土壤养肥流失(万元)	2 364.70
	③减少泥沙淤积(万元)	87.50
	合计(万元)	3 174.85
	平均价值(万元/hm²)	0.082

8.6　水域水土保持生态系统服务功能价值(B_4)

研究对出山店水库研究区水域生态系统的调蓄洪水、水资源蓄积两方面水土保持生态系统服务功能价值进行计算,计算时不考虑出山店水库 92 m 水位库区水域。

（1）调蓄洪水价值。

调蓄洪水功能价值利用替代工程法计算,即水域调蓄洪水的能力,用水域拦蓄洪水量与单位蓄水价值的乘积进行计算。

水域拦蓄洪水量按水域单位面积拦蓄 0.75 m 深洪水计算,单位蓄水成本取 0.67元/m³,水域面积 4 349.06 hm²,经计算水域调蓄洪水功能价值为 2 185.41 万元。

（2）水资源蓄积价值。

水资源蓄积价值等于单位蓄水价值与水域蓄水量的乘积。

单位蓄水价值取 0.67 元/m³,水域面积 4 349.06 hm²,水域水资源蓄积量按单位面积平均蓄水深 1.2 m 计算,经计算水域水资源蓄积价值为 3 496.64 万元。

（3）水域水土保持生态系统服务功能总价值。

根据 GF - 2 遥感影像解译数据信息,除出山店水库 92 m 水位库区水域外 2018 年研究区水域图斑 2 110 个、面积 4 349.06 hm²,经计算,出山店水库水域水土保持生态服务功能总价值 B_4 为 5 682.05 万元,其中调蓄洪水 2 185.41 万元、水资源蓄积 3 496.64 万元,水域水土保持生态系统服务功能平均价值 1.31 万元/hm²。

8.7　出山店水库水土保持生态系统服务功能总价值

出山店水库水土保持生态系统服务功能计算总面积 79 390.32 hm²,其中林地、草地、耕地、水域面积分别为 34 696.11 hm²、1 770.42 hm²、38 574.73 hm²、4 349.06 hm²,分别占比 43.70%、2.23%、48.59%、5.48%;水土保持生态系统服务功能总价值 28 151.56 万元,其中林地、草地、耕地、水域价值分别为 18 749.26 万元、545.40 万元、3 174.85 万元、5 682.05万元,分别占比 66.60%、1.94%、11.28%、20.18%;水土保持生态系统服务功能总价值平均 0.355 万元/hm²,其中林地、草地、耕地、水域价值平均值分别为 0.540 万元/hm²、0.308 万元/hm²、0.082 万元/hm²、1.310 万元/hm²,分别为水土保持生态系统服务功能总价值平均值的 152.11%、86.76%、23.10%、369.01%;出山店水库研究区总面积 95 809.41 hm²、研究区水土保持生态系统服务功能价值平均值为 0.294 万元/hm²。结果见表 8-5。

表 8-5　出山店水库水土保持生态系统服务功能价值结果

水土保持生态系统类型	计算指标	计算结果	占水土保持生态系统(%)
林地水土保持生态系统	面积(hm²)	34 696.11	43.70
	合计(万元)	18 749.26	66.60
	平均价值(万元/hm²)	0.54	152.11

续表 8-5

水土保持生态系统类型	计算指标	计算结果	占水土保持生态系统(%)
草地水土保持生态系统	面积(hm²)	1 770.42	2.23
	合计(万元)	545.40	1.94
	平均价值(万元/hm²)	0.308	86.76
耕地水土保持生态系统	面积(hm²)	38 574.73	48.59
	合计(万元)	3 174.85	11.28
	平均价值(万元/hm²)	0.082	23.10
水域水土保持生态系统	面积(hm²)	4 349.06	5.48
	合计(万元)	5 682.05	20.18
	平均价值(万元/hm²)	1.310	369.01
水土保持生态系统合计	面积(hm²)	79 390.32	
	合计(万元)	28 151.56	
	平均价值(万元/hm²)	0.355	
研究区合计	面积(hm²)	95 809.41	
	合计(万元)	28 151.56	
	平均价值(万元/hm²)	0.294	

8.8 小 结

水土保持生态系统服务功能主要计算林地、草地、耕地、水域生态系统服务功能价值,林地、草地、耕地水土保持生态系统服务功能主要计算涵养水源、土壤保持价值;水域生态系统服务功能主要计算调蓄洪水、水资源蓄积价值。经计算,出山店水库水土保持生态系统服务功能计算总面积 79 390.32 hm²,其中林地、草地、耕地、水域面积分别为 34 696.11 hm²、1 770.42 hm²、38 574.73 hm²、4 349.06 hm²,水土保持生态系统服务功能总价值28 151.56 万元,平均生态系统服务功能价值 0.355 万元/hm²,其中林地、草地、耕地、水域价值分别为 18 749.26 万元、545.40 万元、3 174.85 万元、5 682.05 万元,价值平均值分别为 0.540 万元/hm²、0.308 万元/hm²、0.082 万元/hm²、1.310 万元/hm²;出山店水库研究区总面积 95 809.41 hm²、水土保持生态系统服务功能价值平均值为 0.294 万元/hm²。

第 9 章　生态景观特征

基于 ArcGIS 技术支持、利用 DEM 数据和 2018 年 2 m 分辨率 GF - 2 真彩色融合遥感影像,按出山店水库 20 年一遇 92 m 水位水面为库区范围,以自然封闭小流域及小流域片为景观单元、以耕地、林地、草地、建设用地、水域和未利用地六类地土地覆被特征为景观要素,将出山店水库研究区共划分为 33 个水土保持弹性景观单元、总面积 95 809.41 hm², 各类景观要素总图斑 16 686 个、总面积 95 809.41 hm², 耕地图斑 2 111 个、面积 38 574.73 hm², 林地图斑 2 917 个、面积 34 696.11 hm², 草地图斑 605 个、面积 1 770.42 hm², 水域图斑 6 967 个、面积 12 538.65 hm², 建设用地图斑 3 491 个、面积 7 078.28 hm², 未利用地图斑 595 个、面积 1 151.21 hm²。

运用景观生态学理论方法,对出山店水库研究区范围的水土保持弹性景观单元中的景观要素特征与景观异质性特征相关指标进行计算分析,为构建水土保持弹性景观功能指标体系与因子筛选和弹性景观功能分析评价提供依据。

9.1　水土保持景观要素特征指标

9.1.1　景观要素斑块特征

(1)类斑平均面积。

类斑平均面积是景观单元中某一类景观要素斑块面积的算术平均值,反映景观要素斑块规模平均水平,计算公式为

$$\overline{A_i} = \frac{1}{N_i} \sum_{j=1}^{N_i} A_{ij} \tag{9-1}$$

式中　$\overline{A_i}$ ——第 i 类景观要素斑块平均面积;

　　　N_i ——第 i 类景观要素斑块总数;

　　　A_{ij} ——第 i 类景观要素第 j 个斑块面积。

(2)最大、最小斑块面积。

最大、最小斑块面积是景观单元中某一类景观要素最大、最小斑块面积,反映景观要素斑块规模极端情况。

$$A_{imax} = \max(A_{ij}) \quad (j = 1, 2, \cdots, n)$$
$$A_{imin} = \min(A_{ij}) \quad (j = 1, 2, \cdots, n)$$

(3)斑块所占景观面积的比例。

斑块所占景观面积的比例(PL)是度量景观要素组分的指标,是某一类景观要素斑块

占整个景观面积的相对比例,是确定景观中景观要素优势度的依据之一,计算公式为

$$PL = P_i = \frac{\sum_{j-1}^{n} a_{ij}}{A} \tag{9-2}$$

式中 a_{ij}——斑块 ij 的面积;

A——所有景观的总面积。

PL 值趋于 0 时,说明景观单元中某一类景观要素斑块十分稀少;PL 值等于 100 时,说明整个景观单元中只由一类景观要素斑块组成。

(4)类斑形状指数。

类斑形状指数是现实景观要素斑块周长与相同面积圆形斑块周长之比的面积加权平均值,计算公式为

$$SL_i = \frac{1}{2\pi A_i} \sum_{j=1}^{N_i} P_{ij} A_{ij} \tag{9-3}$$

式中 SL_i——第 i 类景观要素斑块类斑形状指数;

P_{ij}——第 i 类景观要素斑块中第 j 斑块边界长度;

A_i——第 i 类景观要素斑块总面积。

SL_i 值一般不小于 1,SL_i 越接近 1,说明某一类景观要素斑块形状越接于圆形;SL_i 数值越大,说明某一类斑块形状越复杂。

(5)景观要素斑块分维数。

周长面积分维数(PA)是反映不同空间尺度景观性状复杂性的指标,计算公式为

$$PA = 2 \frac{\sum_{j=1}^{N_i} \ln A_{ij} \ln P_{ij} - \frac{1}{N_i} \sum_{j=1}^{N_i} \ln A_{ij} \sum_{j=1}^{N_i} \ln P_{ij}}{\sum_{j=1}^{N_i} (\ln A_{ij})^2 - \frac{1}{N} (\sum_{j=1}^{N_i} \ln P_{ij})^2} \tag{9-4}$$

式中 a_{ij}——景观斑块 ij 的面积;

P_{ij}——景观斑块 ij 的周长;

N_i——景观斑块数目。

PA 取值范围一般为 1~2,PA 值越接近 1,说明景观斑块形状越有规律,景观斑块越简单,表明景观受人为干扰程度越大;反之,PA 值越接近 2,则斑块形状越复杂,表明景观受人为干扰程度越小。

9.1.2 景观异质性特征

(1)景观斑块密度。

斑块密度分为景观斑块密度、景观要素斑块密度;景观斑块密度是景观单元中包括全部异质景观要素斑块的单位面积斑块数;景观要素斑块密度是景观单元中某类景观要素的单位面积斑块数,计算公式为

$$PD = \frac{1}{A} \sum_{j=1}^{M} N_i \tag{9-5}$$

$$PD_i = \frac{N_i}{A_i} \tag{9-6}$$

式中　PD——景观总体斑块密度；

　　　PD_i——第 i 类景观要素斑块密度；

　　　M——研究范围内某空间分辨率景观要素类型总数；

　　　A——研究范围景观总面积；

　　　N_i——第 i 类景观要素斑块总数；

　　　A_i——第 i 类景观要素斑块面积。

（2）香农多样性指数。

香农多样性指数（SH）广泛用于群落生态学中多样性检测，SH 反映景观异质性，对景观单元中各斑块类型非均衡分布状况十分敏感；SH 是比较和分析不同景观单元或同一景观单元不同时期多样性与异质性变化时的敏感指标，计算公式为

$$SH = - \sum_{i=1}^{m} (P_i \ln P_i) \tag{9-7}$$

式中　m——景观中要素类型总数；

　　　P_i——第 i 类景观斑块类型所占据的比例。

景观单元中土地利用越丰富、破碎化程度越高，景观不定性信息含量越大，SH 值越高。

（3）多样性指数与均匀度。

利用信息不确定性计算公式，计算景观中景观要素斑块类型不确定性，同时作为描述景观多样性定量指标，用 Shannon – Weaner 指数表示，计算公式为

$$H = - \sum_{i=1}^{m} AP_i \log_2 AP_i \tag{9-8}$$

$$AP_i = \sum_{j=1}^{N_i} A_{ij} / A \tag{9-9}$$

$$E = \frac{H}{H_{max}} \tag{9-10}$$

$$H_{max} = - \log_2 \frac{1}{m} \tag{9-11}$$

式中　AP_i——第 i 类景观要素面积占景观总面积比例；

　　　E——均匀度指数；

　　　H——景观实际多样性指数；

　　　H_{max}——景观多样性指数。

　　　m——景观中景观要素类型总数目。

（4）景观要素优势度。

优势度是反映种群在群落组成结构中地位和作用的指标，利用优势度指数原理构造景观要素优势度指标，测度景观受一种或少数几种景观要素的控制程度。景观中某一类

景观要素优势度越高,说明景观受该类景观要素控制程度越高;相反,如果不存在明显占优势的景观要素,表明景观具有较高异质性;景观要素相对密度、频率、盖度是构造景观优势度指标的重要因素;第 i 类景观要素的优势度 D_i 计算公式为

$$D_i = \frac{1}{4}DP_i + \frac{1}{4}DF_i + \frac{1}{2}DC_i \tag{9-12}$$

式中　　DP_i——第 i 类景观要素相对密度,等于第 i 类景观要素斑块数与景观总斑数的比值;

　　　　DF_i——第 i 类景观要素相对频度,等于景观网格样点中第 i 类景观要素斑块出现的样点数与总样点数的比值;

　　　　DC_i——第 i 类景观要素相对盖度,等于景观中该类景观要素总面积与景观总面积的比值。

为突出景观中景观要素面积的作用,在计算公式中提高相对盖度系数。

9.2　出山店水库水土保持景观要素特征分析

利用式(9-1)～式(9-12)对出山店水库水土保持景观要素的类斑平均面积、最大和最小斑块面积、斑块所占景观面积的比例、类斑形状指数、景观要素斑块分维数、景观斑块密度、香农多样性指数、多样性指数与均匀度、景观要素优势度等基本景观要素特征进行统计计算分析,结果见表 9-1～表 9-15 和图 9-1～图 9-9。

表 9-1　出山店水库水土保持景观要素斑块特征统计计算结果

景观单元位置	景观要素类型	类斑平均面积 A（km²/个）	最大图斑面积（hm²）	最小图斑面积（hm²）	最大最小图斑面积比	斑块占景观面积的比例 PL（单元）	斑块占景观面积的比例 PL（研究区）	类斑形状指数 SL	景观要素斑块分维数 PA
库区	水域	8 101.40	8 189.59	8 189.59	1	99.28	8.46	5.60	
	建设用地	58.89	58.89	58.89	1	0.72	0.06	2.85	
	小计	4 080.14	8 189.59	58.89	139	100.00	8.52	5.82	1.33
左岸	耕地	55.89	4 650.79	0.03	142 457	60.71	19.08	51.05	1.55
	林地	4.98	1 527.73	0.02	72 695	16.15	5.07	39.14	1.56
	草地	5.36	70.92	0.05	1 529	1.98	0.62	17.45	1.53
	水域	0.90	514.62	0.02	25 368	6.65	2.09	51.71	1.62
	建设用地	2.81	189.01	0.02	9 425	12.16	3.82	50.70	1.60
	未利用地	2.29	193.53	0.02	8 643	2.35	0.74	21.91	1.55
	小计	5.72	4 650.79	0.02	231 916	100.00	31.42	92.33	1.59

续表 9-1

景观单元位置	景观要素类型	类斑平均面积 A（km²/个）	最大图斑面积（hm²）	最小图斑面积（hm²）	最大最小图斑面积比	斑块占景观面积的比例 PL（单元）	斑块占景观面积的比例 PL（研究区）	类斑形状指数 SL	景观要素斑块分维数 PA
右岸	耕地	11.38	1 340.26	0.02	56 384	35.27	21.19	97.88	1.61
	林地	15.37	4 027.58	0.02	219 042	51.84	31.14	72.33	1.57
	草地	2.38	96.72	0.02	4 731	2.04	1.23	33.95	1.59
	水域	0.52	131.58	0.02	6 473	4.23	2.54	77.19	1.66
	建设用地	1.54	197.22	0.02	9 727	5.84	3.50	55.72	1.61
	未利用地	1.55	27.08	0.02	1 157	0.77	0.46	27.57	1.60
	小计	5.04	4 027.58	0.02	219 042	100.00	60.06	146.83	1.62
研究区	耕地	18.27	4 650.79	0.02	195 656	40.26	40.26	106.14	1.60
	林地	11.89	4 027.58	0.02	219 042	36.21	36.21	81.73	1.58
	草地	2.93	96.72	0.02	4 731	1.85	1.85	37.78	1.59
	水域	1.80	8 189.59	0.02	403 703	13.09	13.09	59.18	1.57
	建设用地	2.03	189.01	0.02	9 425	7.39	7.39	75.10	1.62
	未利用地	1.93	193.53	0.02	8 643	1.20	1.20	34.29	1.59
	合计	5.74	4 650.79	0.02	252 936	100.00	100.00	167.24	1.62

表 9-2　出山店水库水土保持景观要素斑块景观异质性特征计算结果

景观单元位置	景观要素类型	景观斑块密度 PD（个/km²）	景观要素斑块密度 PD_i（个/km²）	香农多样性指数 SH	多样性指数 H	均匀度 E	景观要素优势度 D_i
库区	水域	0.025	0.01	0.35	0.01	0.01	1.55
	建设用地		1.70	0.35	0.04	0.05	1.08
左岸	耕地	17	1.79	0.17	0.30	0.17	15.17
	林地		20.08	0.31	0.29	0.16	9.23
	草地		18.67	0.08	0.08	0.04	2.99
	水域		111.72	0.36	0.18	0.10	1.06
	建设用地		35.59	0.35	0.26	0.14	1.07
	未利用地		43.64	0.17	0.09	0.05	0.33

续表 9-2

景观单元位置	景观要素类型	景观斑块密度 PD（个/km²）	景观要素斑块密度 PD_i（个/km²）	香农多样性指数 SH	多样性指数 H	均匀度 E	景观要素优势度 D_i
右岸	耕地		8.79	0.29	0.37	0.21	15.07
	林地		6.51	0.30	0.34	0.19	9.40
	草地	20	42.01	0.14	0.08	0.04	3.00
	水域		194.16	0.37	0.13	0.07	1.05
	建设用地		65.13	0.32	0.17	0.09	1.03
	未利用地		64.53	0.09	0.04	0.02	0.31
研究区	耕地		5.47	0.26	0.37	0.20	15.08
	林地		8.41	0.30	0.37	0.21	9.32
	草地	17	34.17	0.12	0.07	0.04	2.99
	水域		55.56	0.36	0.27	0.15	1.09
	建设用地		49.32	0.33	0.19	0.11	1.04
	未利用地		51.68	0.12	0.05	0.03	0.31

表 9-3　出山店水库水土保持景观各单元景观斑块密度结果

景观单元编号	景观要素图斑数（个）	景观单元面积（hm²）	各单元密度（个/km²）	景观单元编号	景观要素图斑数（个）	景观单元面积（hm²）	各单元密度（个/km²）
左岸 1	210	632.92	33	右岸 17	340	1 557.31	22
左岸 2	223	948.81	24	右岸 18	318	1 213.80	26
左岸 3	222	498.46	45	右岸 19	543	1 984.00	27
左岸 4	125	838.03	15	右岸 20	159	814.30	20
左岸 5	131	366.60	36	右岸 21	425	1 610.10	26
左岸 6	427	1 802.47	24	右岸 22	5 171	33 197.02	16
左岸 7	304	927.97	33	右岸 23	594	1 460.86	41
左岸 8	565	3 256.74	17	右岸 24	407	910.02	45
左岸 9	162	605.94	27	右岸 25	558	2 866.84	19
左岸 10	1 304	8 610.91	15	右岸 26	323	753.54	43
左岸 11	108	481.60	22	右岸 27	1 262	7 937.84	16
左岸 12	145	796.87	18	右岸 28	37	123.78	30
左岸 13	53	259.59	20	右岸 29	391	1 098.61	36
左岸 14	1 236	9 869.64	13	右岸 30	53	165.29	32
左岸 15	46	205.95	22	右岸 31	341	966.71	35
右岸 16	115	292.43	39	右岸 32	386	593.57	65

表 9-4　出山店水库水土保持耕地景观要素斑块特征统计计算结果

景观单元位置编号	景观要素类型	类斑平均面积 A（km²/个）	最大图斑面积（hm²）	最小图斑面积（hm²）	最大最小图斑面积比	斑块占景观面积的比例 PL（单元）	斑块占景观面积的比例 PL（研究区）	类斑形状指数 SL	景观要素斑块分维数 PA
左岸 1	耕地	233.32	439.17	27.48	16	73.73	0.49	8.56	1.44
左岸 2	耕地	144.86	628.57	0.30	2 118	76.34	0.76	11.00	1.46
左岸 3	耕地	60.58	361.57	0.04	9 815	72.92	0.38	11.96	1.50
左岸 4	耕地	109.60	657.06	0.03	20 126	78.47	0.69	9.25	1.44
左岸 5	耕地	27.03	263.97	0.13	1 962	73.74	0.28	8.28	1.46
左岸 6	耕地	57.39	1 179.35	0.05	26 027	73.23	1.38	14.26	1.48
左岸 7	耕地	27.08	508.26	0.08	6 440	67.11	0.65	10.98	1.47
左岸 8	耕地	227.13	2 481.64	0.04	59 669	76.71	2.61	15.83	1.47
左岸 9	耕地	71.69	429.48	0.06	6 938	70.99	0.45	8.46	1.45
左岸 10	耕地	220.62	4 650.79	0.07	71 281	66.61	5.99	23.47	1.49
左岸 11	耕地	39.62	311.26	0.05	5 809	65.81	0.33	12.24	1.50
左岸 12	耕地	71.46	412.41	0.06	6 965	80.71	0.67	8.54	1.43
左岸 13	耕地	65.82	197.37	0.03	5 738	76.06	0.21	4.87	1.39
左岸 14	耕地	22.01	1 501.81	0.04	39 101	39.91	4.11	27.55	1.52
左岸 15	耕地	8.95	84.45	0.34	249	43.47	0.09	5.34	1.43
右岸 16	耕地	1.73	58.62	0.04	1 572	33.06	0.10	10.07	1.52
右岸 17	耕地	20.72	893.48	0.03	26 395	58.53	0.95	20.92	1.54
右岸 18	耕地	22.58	692.83	0.04	19 058	65.12	0.82	16.90	1.52
右岸 19	耕地	7.54	988.11	0.03	32 443	53.62	1.11	22.86	1.54
右岸 20	耕地	15.52	220.98	0.26	863	53.35	0.45	10.10	1.47
右岸 21	耕地	67.49	981.81	0.04	26 451	62.88	1.06	17.31	1.51
右岸 22	耕地	8.95	1 340.26	0.02	56 384	27.45	9.51	66.42	1.60
右岸 23	耕地	27.10	884.66	0.03	27 891	61.21	0.93	22.60	1.55
右岸 24	耕地	20.15	518.10	0.03	15 878	62.00	0.59	13.91	1.50
右岸 25	耕地	29.05	682.56	0.03	22 207	60.81	1.82	25.80	1.54
右岸 26	耕地	43.79	430.31	0.09	4 627	58.12	0.46	15.61	1.52
右岸 27	耕地	13.37	921.56	0.04	26 191	31.68	2.62	33.70	1.56
右岸 28	耕地	3.37	15.32	0.05	309	19.04	0.02	4.69	1.45
右岸 29	耕地	7.36	175.12	0.04	4 607	23.44	0.27	14.39	1.53
右岸 30	耕地	18.44	91.55	0.05	1 908	55.78	0.10	7.20	1.47
右岸 31	耕地	4.95	138.71	0.04	3 533	21.01	0.21	18.63	1.58
右岸 32	耕地	3.67	120.94	0.05	2 657	24.71	0.15	16.58	1.57

表9-5　出山店水库水土保持耕地景观要素斑块景观异质性特征计算结果

景观单元位置编号	景观要素类型	景观斑块密度 PD_i（个/km²）	香农多样性指数 SH	多样性指数 H	均匀度 E	景观要素优势度 D_i
左岸1	耕地	0.43	0.04	0.22	0.14	15.22
左岸2	耕地	0.69	0.09	0.21	0.13	15.24
左岸3	耕地	1.65	0.10	0.23	0.13	15.22
左岸4	耕地	0.91	0.15	0.19	0.12	15.25
左岸5	耕地	3.70	0.20	0.22	0.14	15.24
左岸6	耕地	1.74	0.16	0.23	0.14	15.23
左岸7	耕地	3.69	0.20	0.27	0.15	15.20
左岸8	耕地	0.44	0.08	0.20	0.13	15.24
左岸9	耕地	1.39	0.12	0.24	0.14	15.21
左岸10	耕地	0.45	0.08	0.27	0.15	15.19
左岸11	耕地	2.52	0.19	0.28	0.15	15.20
左岸12	耕地	1.40	0.17	0.17	0.11	15.27
左岸13	耕地	1.52	0.16	0.21	0.13	15.24
左岸14	耕地	4.54	0.28	0.37	0.20	15.09
左岸15	耕地	11.17	0.33	0.36	0.23	15.12
右岸16	耕地	57.93	0.35	0.37	0.20	15.14
右岸17	耕地	4.83	0.26	0.31	0.17	15.18
右岸18	耕地	4.43	0.24	0.28	0.16	15.20
右岸19	耕地	13.25	0.35	0.33	0.19	15.18
右岸20	耕地	6.44	0.31	0.34	0.19	15.16
右岸21	耕地	1.48	0.12	0.29	0.16	15.17
右岸22	耕地	11.17	0.32	0.35	0.20	15.04
右岸23	耕地	3.69	0.16	0.30	0.17	15.17
右岸24	耕地	4.96	0.18	0.30	0.17	15.18
右岸25	耕地	3.44	0.24	0.30	0.19	15.18
右岸26	耕地	2.28	0.11	0.32	0.18	15.15
右岸27	耕地	7.48	0.28	0.36	0.20	15.05
右岸28	耕地	29.70	0.32	0.32	0.20	14.99
右岸29	耕地	13.59	0.22	0.34	0.19	14.99
右岸30	耕地	5.42	0.22	0.33	0.23	15.15
右岸31	耕地	20.19	0.25	0.33	0.18	14.99
右岸32	耕地	27.27	0.23	0.35	0.19	15.00

表 9-6　出山店水库水土保持林地景观要素斑块特征统计计算结果

景观单元位置编号	景观要素类型	类斑平均面积 A（km²/个）	最大图斑面积（hm²）	最小图斑面积（hm²）	最大最小图斑面积比	斑块占景观面积的比例 PL（单元）	斑块占景观面积的比例 PL（研究区）	类斑形状指数 SL	景观要素斑块分维数 PA
左岸 1	林地	0.42	1.20	0.07	18	2.27	0.01	8.44	1.57
左岸 2	林地	1.06	7.06	0.04	181	8.15	0.08	11.85	1.55
左岸 3	林地	0.51	1.64	0.04	41	2.57	0.01	8.16	1.57
左岸 4	林地	1.49	2.93	0.76	4	1.78	0.02	4.66	1.47
左岸 5	林地	0.45	1.07	0.06	19	1.98	0.01	7.52	1.59
左岸 6	林地	1.43	25.58	0.05	529	5.49	0.10	13.34	1.56
左岸 7	林地	0.54	9.77	0.04	237	4.94	0.05	12.71	1.58
左岸 8	林地	2.62	25.34	0.11	230	4.67	0.16	11.13	1.52
左岸 9	林地	0.52	5.20	0.02	247	6.35	0.04	13.01	1.60
左岸 10	林地	3.46	94.61	0.08	1 149	9.58	0.86	20.64	1.54
左岸 11	林地	2.74	19.28	0.07	288	16.51	0.08	10.16	1.53
左岸 12	林地	1.20	7.24	0.07	103	5.43	0.05	8.68	1.53
左岸 13	林地	1.81	9.26	0.08	110	14.62	0.04	6.93	1.50
左岸 14	林地	17.07	1 527.73	0.03	60 767	34.07	3.51	21.83	1.50
左岸 15	林地	4.70	33.06	0.23	141	25.09	0.05	5.52	1.45
右岸 16	林地	4.38	31.26	0.19	165	26.96	0.08	8.88	1.51
右岸 17	林地	3.98	51.67	0.16	332	35.27	0.57	22.26	1.56
右岸 18	林地	2.86	35.55	0.04	871	23.10	0.29	21.22	1.58
右岸 19	林地	3.16	43.59	0.06	740	22.94	0.47	22.14	1.57
右岸 20	林地	9.27	54.87	0.02	2 213	31.87	0.27	11.57	1.50
右岸 21	林地	2.23	13.22	0.07	202	11.36	0.19	12.90	1.53
右岸 22	林地	35.42	4 027.58	0.02	219 042	60.08	20.82	47.75	1.54
右岸 23	林地	2.55	45.31	0.02	2 198	26.15	0.40	20.61	1.57
右岸 24	林地	2.18	27.36	0.15	182	14.62	0.14	10.95	1.52
右岸 25	林地	4.09	49.86	0.06	812	28.53	0.85	26.20	1.57
右岸 26	林地	1.77	15.66	0.05	327	12.46	0.10	12.32	1.55
右岸 27	林地	20.05	3 398.83	0.02	164 009	62.13	5.15	23.54	1.50
右岸 28	林地	21.02	59.78	3.14	19	67.92	0.09	3.55	1.37
右岸 29	林地	23.14	336.14	0.03	12 481	67.39	0.77	10.91	1.46
右岸 30	林地	4.42	37.87	0.21	182	29.41	0.05	6.27	1.47
右岸 31	林地	14.03	116.73	0.14	816	58.03	0.59	11.99	1.48
右岸 32	林地	3.99	78.57	0.06	1370	49.04	0.30	14.88	1.53

表 9-7　出山店水库水土保持林地景观要素斑块景观异质性特征计算结果

景观单元位置编号	景观要素类型	景观要素斑块密度 PD_i（个/km²）	香农多样性指数 SH	多样性指数 H	均匀度 E	优势度 D_i
左岸 1	林地	237.17	0.29	0.09	0.05	9.15
左岸 2	林地	94.44	0.37	0.20	0.13	9.22
左岸 3	林地	194.86	0.25	0.09	0.05	9.14
左岸 4	林地	67.12	0.20	0.07	0.04	9.13
左岸 5	林地	220.89	0.26	0.08	0.05	9.14
左岸 6	林地	69.77	0.29	0.16	0.10	9.17
左岸 7	林地	185.36	0.36	0.15	0.08	9.19
左岸 8	林地	38.15	0.23	0.14	0.09	9.15
左岸 9	林地	192.32	0.36	0.18	0.10	9.25
左岸 10	林地	28.87	0.31	0.22	0.13	9.19
左岸 11	林地	36.48	0.35	0.30	0.17	9.25
左岸 12	林地	83.16	0.35	0.16	0.10	9.19
左岸 13	林地	55.34	0.37	0.28	0.17	9.27
左岸 14	林地	5.86	0.29	0.37	0.20	9.31
左岸 15	林地	21.29	0.34	0.35	0.22	9.29
右岸 16	林地	22.83	0.29	0.35	0.20	9.27
右岸 17	林地	25.12	0.37	0.37	0.21	9.38
右岸 18	林地	34.95	0.36	0.34	0.19	9.29
右岸 19	林地	31.64	0.35	0.34	0.19	9.28
右岸 20	林地	10.79	0.31	0.36	0.20	9.30
右岸 21	林地	44.84	0.32	0.25	0.14	9.21
右岸 22	林地	2.82	0.24	0.31	0.17	9.43
右岸 23	林地	39.26	0.35	0.35	0.20	9.29
右岸 24	林地	45.85	0.28	0.28	0.16	9.21
右岸 25	林地	24.45	0.37	0.36	0.22	9.33
右岸 26	林地	56.43	0.30	0.26	0.14	9.20
右岸 27	林地	4.99	0.32	0.30	0.17	9.46
右岸 28	林地	4.76	0.24	0.26	0.16	9.47
右岸 29	林地	4.32	0.20	0.27	0.15	9.46
右岸 30	林地	22.63	0.33	0.36	0.26	9.30
右岸 31	林地	7.13	0.25	0.32	0.18	9.42
右岸 32	林地	25.08	0.31	0.35	0.20	9.39

表 9-8　出山店水库水土保持草地景观要素斑块特征统计计算结果

景观单元位置编号	景观要素类型	类斑平均面积 A（km²/个）	最大图斑面积（hm²）	最小图斑面积（hm²）	最大最小图斑面积比	斑块占景观面积的比例 PL（单元）	斑块占景观面积的比例 PL（研究区）	类斑形状指数 SL	景观要素斑块分维数 PA
左岸 3	草地	0.09	0.09	0.09	1	0.02	0	1.21	
左岸 7	草地	0.22	0.37	0.08	5	0.05	0	1.77	1.44
左岸 9	草地	1.02	1.50	0.53	3	0.34	0	2.08	1.40
左岸 10	草地	7.29	45.12	0.74	61	1.78	0.16	7.01	1.45
左岸 11	草地	0.33	0.33	0.33	1	0.07	0	1.41	
左岸 14	草地	5.22	70.92	0.05	1 529	4.44	0.46	15.91	1.53
右岸 16	草地	3.36	13.16	0.05	240	8.03	0.02	6.35	1.50
右岸 17	草地	2.08	2.43	1.73	1	0.27	0	2.08	1.38
右岸 18	草地	0.26	0.57	0.11	5	0.11	0	3.31	1.52
右岸 19	草地	5.07	96.72	0.04	2 483	13.04	0.27	14.07	1.53
右岸 20	草地	1.72	2.15	1.28	2	0.42	0	2.39	1.41
右岸 21	草地	2.48	11.70	0.21	56	1.23	0.02	4.13	1.44
右岸 22	草地	2.12	42.00	0.05	880	1.58	0.55	22.71	1.57
右岸 23	草地	1.20	5.46	0.14	38	1.48	0.02	6.97	1.52
右岸 24	草地	0.43	0.88	0.16	6	0.28	0	2.78	1.45
右岸 25	草地	1.61	10.02	0.06	172	0.62	0.02	3.59	1.42
右岸 26	草地	1.68	4.94	0.08	59	7.37	0.06	10.38	1.55
右岸 27	草地	4.19	35.00	0.29	120	0.90	0.07	5.43	1.44
右岸 29	草地	0.88	3.92	0.06	69	1.83	0.02	7.61	1.54
右岸 31	草地	7.40	22.93	0.17	131	8.42	0.08	4.73	1.41
右岸 32	草地	1.35	12.19	0.02	596	12.03	0.07	12.38	1.56

表 9-9　出山店水库水土保持草地景观要素斑块景观异质性特征计算结果

景观单元位置编号	景观要素类型	景观要素斑块密度 PD_i（个/km²）	香农多样性指数 SH	多样性指数 H	均匀度 E	优势度 D_i
左岸 3	草地	1 122.38	0.02	0	0	2.98
左岸 7	草地	448.39	0.03	0	0	2.98
左岸 9	草地	98.46	0.05	0.02	0.01	2.98

续表9-9

景观单元位置编号	景观要素类型	景观要素斑块密度 PD_i（个/km²）	香农多样性指数 SH	多样性指数 H	均匀度 E	优势度 D_i
左岸10	草地	13.71	0.07	0.07	0.04	2.99
左岸11	草地	303.68	0.04	0	0	2.98
左岸14	草地	19.16	0.18	0.14	0.08	3.01
右岸16	草地	29.80	0.17	0.20	0.11	3.03
右岸17	草地	48.05	0.03	0.02	0.01	2.98
右岸18	草地	391.18	0.07	0.01	0	2.98
右岸19	草地	19.71	0.22	0.27	0.15	3.06
右岸20	草地	58.22	0.06	0.02	0.01	2.98
右岸21	草地	40.32	0.07	0.05	0.03	2.99
右岸22	草地	47.20	0.15	0.07	0.04	2.99
右岸23	草地	83.02	0.11	0.06	0.03	2.99
右岸24	草地	233.57	0.06	0.02	0.01	2.98
右岸25	草地	62.20	0.08	0.03	0.02	2.98
右岸26	草地	59.43	0.23	0.19	0.11	3.04
右岸27	草地	23.87	0.06	0.04	0.02	2.98
右岸29	草地	114.14	0.17	0.07	0.04	3.00
右岸31	草地	13.52	0.11	0.21	0.12	3.03
右岸32	草地	74.24	0.27	0.25	0.14	3.07

表9-10 出山店水库水土保持水域景观要素斑块特征统计计算结果

景观单元位置编号	景观要素类型	类斑平均面积 A（km²/个）	最大图斑面积（hm²）	最小图斑面积（hm²）	最大最小图斑面积比	斑块占景观面积的比例 PL（单元）	斑块占景观面积的比例 PL（研究区）	类斑形状指数 SL	景观要素斑块分维数 PA
左岸1	水域	0.40	2.51	0.03	89	6.63	0.04	11.51	1.57
左岸2	水域	0.53	2.77	0.04	71	4.27	0.04	10.34	1.56
左岸3	水域	0.33	2.59	0.03	91	7.48	0.04	13.87	1.61
左岸4	水域	0.60	4.87	0.06	77	3.74	0.03	9.14	1.55
左岸5	水域	0.44	3.07	0.03	100	8.51	0.03	12.12	1.59
左岸6	水域	0.74	16.32	0.04	376	8.29	0.16	20.03	1.60

续表 9-10

景观单元位置编号	景观要素类型	类斑平均面积 A（km²/个）	最大图斑面积（hm²）	最小图斑面积（hm²）	最大最小图斑面积比	斑块占景观面积的比例 PL（单元）	斑块占景观面积的比例 PL（研究区）	类斑形状指数 SL	景观要素斑块分维数 PA
左岸 7	水域	0.34	2.22	0.02	109	4.84	0.05	14.32	1.60
左岸 8	水域	0.70	13.47	0.06	241	6.53	0.22	23.30	1.61
左岸 9	水域	0.39	2.57	0.03	99	2.82	0.02	8.66	1.57
左岸 10	水域	1.36	514.62	0.03	20 116	11.24	1.01	23.39	1.55
左岸 11	水域	0.34	1.42	0.02	63	3.19	0.02	9.77	1.59
左岸 12	水域	0.44	2.42	0.05	50	2.68	0.02	10.77	1.59
左岸 13	水域	0.87	5.00	0.21	23	4.70	0.01	5.39	1.50
左岸 14	水域	1.13	92.30	0.04	2 360	3.43	0.35	20.51	1.57
左岸 15	水域	2.40	24.27	0.13	191	18.61	0.04	6.49	1.49
右岸 16	水域	1.53	18.11	0.07	244	9.97	0.03	5.21	1.46
右岸 17	水域	0.43	1.83	0.05	34	2.96	0.05	12.34	1.58
右岸 18	水域	0.49	2.58	0.02	122	4.05	0.05	13.18	1.59
右岸 19	水域	0.65	25.43	0.02	1 131	4.90	0.10	13.85	1.56
右岸 20	水域	0.55	7.04	0.04	186	4.96	0.04	9.92	1.55
右岸 21	水域	0.57	6.10	0.03	214	7.80	0.13	16.87	1.58
右岸 22	水域	0.59	131.58	0.02	6 473	4.09	1.42	53.62	1.64
右岸 23	水域	0.26	2.94	0.02	143	4.96	0.08	18.11	1.62
右岸 24	水域	0.36	7.10	0.03	230	9.41	0.09	18.06	1.61
右岸 25	水域	0.78	59.28	0.05	1 105	5.99	0.18	16.34	1.57
右岸 26	水域	0.41	6.51	0.02	281	9.10	0.07	14.37	1.58
右岸 27	水域	0.38	19.37	0.02	930	2.05	0.17	23.44	1.62
右岸 28	水域	0.58	2.14	0.09	25	6.13	0.01	4.62	1.50
右岸 29	水域	0.27	2.38	0.03	91	3.17	0.04	14.26	1.61
右岸 30	水域	0.63	4.99	0.10	50	9.84	0.02	5.89	1.51
右岸 31	水域	0.26	4.70	0.02	193	4.57	0.05	16.22	1.62
右岸 32	水域	0.26	2.45	0.04	59	4.62	0.03	11.36	1.59

表9-11　出山店水库水土保持水域景观要素斑块景观异质性特征计算结果

景观单元位置编号	景观要素类型	景观要素斑块密度 PD_i（个/km²）	香农多样性指数 SH	多样性指数 H	均匀度 E	优势度 D_i
左岸 1	水域	250.15	0.35	0.18	0.11	1.08
左岸 2	水域	190.08	0.37	0.13	0.08	1.03
左岸 3	水域	300.23	0.35	0.19	0.11	1.09
左岸 4	水域	165.99	0.36	0.12	0.08	1.05
左岸 5	水域	227.55	0.33	0.21	0.13	1.10
左岸 6	水域	135.93	0.35	0.21	0.13	1.09
左岸 7	水域	293.67	0.36	0.15	0.08	1.06
左岸 8	水域	142.03	0.33	0.18	0.11	1.09
左岸 9	水域	257.45	0.35	0.10	0.06	1.01
左岸 10	水域	73.75	0.33	0.25	0.14	1.12
左岸 11	水域	293.18	0.36	0.11	0.06	1.05
左岸 12	水域	229.28	0.37	0.10	0.06	1.02
左岸 13	水域	114.73	0.35	0.14	0.09	1.01
左岸 14	水域	88.24	0.34	0.12	0.06	1.00
左岸 15	水域	41.75	0.37	0.31	0.19	1.10
右岸 16	水域	65.18	0.30	0.23	0.13	1.02
右岸 17	水域	234.41	0.36	0.10	0.06	1.02
右岸 18	水域	203.54	0.36	0.13	0.07	1.02
右岸 19	水域	154.15	0.36	0.15	0.08	1.02
右岸 20	水域	180.70	0.36	0.15	0.08	1.06
右岸 21	水域	176.85	0.34	0.20	0.11	1.09
右岸 22	水域	168.20	0.36	0.13	0.07	1.06
右岸 23	水域	392.03	0.35	0.15	0.08	1.07
右岸 24	水域	275.45	0.32	0.22	0.12	1.12
右岸 25	水域	127.57	0.37	0.17	0.10	1.05
右岸 26	水域	243.41	0.34	0.22	0.12	1.10
右岸 27	水域	263.02	0.37	0.08	0.04	1.02
右岸 28	水域	171.36	0.37	0.17	0.11	1.04
右岸 29	水域	370.44	0.37	0.11	0.06	1.02
右岸 30	水域	159.82	0.35	0.23	0.16	1.10
右岸 31	水域	378.16	0.35	0.14	0.08	1.07
右岸 32	水域	386.91	0.35	0.14	0.08	1.02

表 9-12 出山店水库水土保持建设用地景观要素斑块特征统计计算结果

景观单元位置编号	景观要素类型	类斑平均面积 A（km²/个）	最大图斑面积（hm²）	最小图斑面积（hm²）	最大最小图斑面积比	斑块占景观面积的比例 PL（单元）	斑块占景观面积的比例 PL（研究区）	类斑形状指数 SL	景观要素斑块分维数 PA
左岸 1	建设用地	1.88	22.37	0.03	824	15.77	0.10	7.84	1.48
左岸 2	建设用地	1.69	17.12	0.02	854	10.90	0.11	11.97	1.54
左岸 3	建设用地	1.30	8.85	0.02	378	15.96	0.08	9.55	1.52
左岸 4	建设用地	2.54	25.13	0.06	427	15.48	0.14	11.85	1.53
左岸 5	建设用地	1.70	9.75	0.02	423	15.77	0.06	8.90	1.52
左岸 6	建设用地	1.94	42.14	0.02	1 929	12.84	0.24	17.78	1.57
左岸 7	建设用地	4.10	62.61	0.06	979	22.96	0.22	12.45	1.52
左岸 8	建设用地	2.11	59.92	0.03	2 043	11.43	0.39	18.11	1.55
左岸 9	建设用地	3.37	20.94	0.04	494	19.46	0.12	8.70	1.49
左岸 10	建设用地	3.09	189.01	0.04	4 227	10.47	0.94	21.38	1.54
左岸 11	建设用地	2.89	10.91	0.03	414	14.41	0.07	7.45	1.49
左岸 12	建设用地	1.87	9.76	0.05	184	10.59	0.09	9.74	1.52
左岸 13	建设用地	0.85	3.65	0.04	91	4.59	0.01	4.14	1.46
左岸 14	建设用地	4.18	77.14	0.03	3 029	11.98	1.23	25.26	1.55
左岸 15	建设用地	2.39	3.27	0.78	4	3.49	0.01	2.63	1.40
右岸 16	建设用地	3.32	10.79	0.17	63	11.34	0.03	4.67	1.44
右岸 17	建设用地	0.98	4.45	0.04	116	2.76	0.04	8.01	1.52
右岸 18	建设用地	1.17	17.96	0.02	842	7.14	0.09	9.34	1.51
右岸 19	建设用地	2.03	8.08	0.05	168	5.42	0.11	9.69	1.51
右岸 20	建设用地	2.77	18.58	0.17	108	9.18	0.08	7.67	1.49
右岸 21	建设用地	3.41	14.32	0.03	450	15.66	0.26	12.42	1.51
右岸 22	建设用地	2.21	197.22	0.02	9 712	5.98	2.07	36.58	1.58
右岸 23	建设用地	0.78	7.52	0.03	264	5.64	0.09	13.00	1.56
右岸 24	建设用地	1.66	13.34	0.04	353	13.52	0.13	10.59	1.52
右岸 25	建设用地	1.71	12.47	0.03	383	4.05	0.12	14.31	1.56
右岸 26	建设用地	1.52	8.70	0.13	66	10.67	0.08	9.91	1.52
右岸 27	建设用地	0.68	0.01	0.02	1	3.04	0.25	22.23	1.59
右岸 28	建设用地	0.57	3.97	0.04	88	4.61	0.01	3.92	1.48
右岸 29	建设用地	0.23	4.32	0.02	213	3.26	0.04	15.18	1.62
右岸 30	建设用地	0.75	1.39	0.08	17	4.97	0.01	4.26	1.48
右岸 31	建设用地	0.48	2.86	0.02	140	3.71	0.04	10.71	1.57
右岸 32	建设用地	0.49	15.51	0.02	636	7.90	0.05	9.99	1.55

表 9-13　出山店水库水土保持建设用地景观要素斑块景观异质性特征计算结果

景观单元位置编号	景观要素类型	景观要素斑块密度 PD_i（个/km²）	香农多样性指数 SH	多样性指数 H	均匀度 E	优势度 D_i
左岸 1	建设用地	53.09	0.35	0.29	0.18	1.09
左岸 2	建设用地	59.01	0.35	0.24	0.15	1.07
左岸 3	建设用地	76.66	0.35	0.29	0.16	1.10
左岸 4	建设用地	39.31	0.37	0.29	0.18	1.13
左岸 5	建设用地	58.80	0.35	0.29	0.18	1.09
左岸 6	建设用地	51.43	0.36	0.26	0.16	1.08
左岸 7	建设用地	24.41	0.30	0.34	0.19	1.11
左岸 8	建设用地	47.29	0.36	0.25	0.15	1.09
左岸 9	建设用地	29.68	0.33	0.32	0.18	1.10
左岸 10	建设用地	32.40	0.34	0.24	0.13	1.06
左岸 11	建设用地	34.59	0.33	0.28	0.16	1.08
左岸 12	建设用地	53.34	0.36	0.24	0.15	1.08
左岸 13	建设用地	117.49	0.35	0.14	0.09	1.04
左岸 14	建设用地	23.93	0.34	0.25	0.14	1.07
左岸 15	建设用地	41.77	0.18	0.12	0.07	0.98
右岸 16	建设用地	30.16	0.21	0.25	0.14	1.03
右岸 17	建设用地	102.31	0.26	0.10	0.06	1.00
右岸 18	建设用地	85.38	0.34	0.19	0.11	1.04
右岸 19	建设用地	49.26	0.23	0.16	0.09	1.00
右岸 20	建设用地	36.12	0.30	0.22	0.12	1.04
右岸 21	建设用地	29.34	0.30	0.29	0.16	1.07
右岸 22	建设用地	45.26	0.30	0.17	0.09	1.02
右岸 23	建设用地	128.69	0.31	0.16	0.09	1.02
右岸 24	建设用地	60.12	0.31	0.27	0.15	1.06
右岸 25	建设用地	58.51	0.26	0.13	0.08	1.00
右岸 26	建设用地	65.93	0.30	0.24	0.13	1.04
右岸 27	建设用地	147.71	0.36	0.11	0.06	1.04
右岸 28	建设用地	175.39	0.35	0.14	0.09	1.04
右岸 29	建设用地	440.51	0.37	0.11	0.06	1.07
右岸 30	建设用地	133.99	0.33	0.15	0.11	1.03
右岸 31	建设用地	208.96	0.33	0.12	0.07	1.02
右岸 32	建设用地	202.55	0.35	0.20	0.11	1.05

表 9-14　出山店水库水土保持未利用地景观要素斑块特征统计计算结果

景观单元位置编号	景观要素类型	类斑平均面积 A（km²/个）	最大图斑面积（hm²）	最小图斑面积（hm²）	最大最小图斑面积比	斑块占景观面积的比例 PL（单元）	斑块占景观面积的比例 PL（研究区）	类斑形状指数 SL	景观要素斑块分维数 PA
左岸 1	未利用地	0.63	3.04	0.02	136	1.60	0.01	4.82	1.49
左岸 2	未利用地	0.47	1.27	0.04	30	0.35	0	2.88	1.45
左岸 3	未利用地	0.30	1.85	0.03	57	1.04	0.01	5.46	1.55
左岸 4	未利用地	0.74	1.96	0.14	13	0.53	0	3.21	1.45
左岸 6	未利用地	0.22	0.95	0.07	14	0.16	0	5.31	1.57
左岸 7	未利用地	0.09	0.22	0.04	6	0.10	0	3.62	1.56
左岸 8	未利用地	1.19	15.71	0.06	252	0.66	0.02	4.57	1.45
左岸 9	未利用地	0.28	0.28	0.28	1	0.05	0	1.12	
左岸 10	未利用地	2.13	11.65	0.23	50	0.32	0.03	4.86	1.45
左岸 11	未利用地	0.11	0.11	0.11	1	0.02	0	1.08	
左岸 12	未利用地	0.79	1.95	0.10	20	0.59	0	3.37	1.46
左岸 13	未利用地	0.08	0.08	0.08	1	0.03	0	1.15	
左岸 14	未利用地	3.13	193.53	0.03	6 038	6.16	0.63	18.24	1.53
左岸 15	未利用地	3.21	9.28	0.09	105	9.34	0.02	5.94	1.50
右岸 16	未利用地	6.23	10.29	0.42	25	10.65	0.03	4.92	1.45
右岸 17	未利用地	0.82	1.21	0.62	2	0.21	0	3.08	1.46
右岸 18	未利用地	0.99	2.37	0.08	30	0.49	0.01	2.80	1.42
右岸 19	未利用地	0.36	0.62	0.23	3	0.07	0	3.54	1.53
右岸 20	未利用地	1.76	1.76	1.76	1	0.22	0	1.24	
右岸 21	未利用地	0.72	2.87	0.02	116	1.07	0.02	6.20	1.51
右岸 22	未利用地	1.70	20.61	0.04	477	0.83	0.29	23.53	1.60
右岸 23	未利用地	2.72	4.67	1.42	3	0.56	0.01	2.52	1.39
右岸 24	未利用地	0.70	1.08	0.33	3	0.15	0	1.69	1.38
右岸 26	未利用地	2.45	5.20	0.15	35	2.28	0.02	4.87	1.47
右岸 27	未利用地	0.63	4.18	0.05	78	0.20	0.02	7.08	1.54
右岸 28	未利用地	0.95	1.28	0.43	3	2.31	0	2.58	1.43
右岸 29	未利用地	0.71	5.07	0.02	217	0.91	0.01	4.80	1.49
右岸 31	未利用地	5.89	27.08	0.12	227	4.26	0.04	3.45	1.39
右岸 32	未利用地	0.53	2.15	0.10	22	1.70	0.01	6.01	1.53

表 9-15　出山店水库水土保持未利用地景观要素斑块景观异质性特征计算结果

景观单元位置编号	景观要素类型	景观要素斑块密度 PD_i（个/km²）	香农多样性指数 SH	多样性指数 H	均匀度 E	优势度 D_i
左岸 1	未利用地	157.87	0.20	0.07	0.04	0.33
左岸 2	未利用地	212.13	0.11	0.02	0.01	0.31
左岸 3	未利用地	329.21	0.20	0.05	0.03	0.32
左岸 4	未利用地	134.36	0.15	0.03	0.02	0.31
左岸 6	未利用地	461.75	0.11	0.01	0.01	0.31
左岸 7	未利用地	1 100.90	0.11	0.01	0	0.31
左岸 8	未利用地	83.71	0.11	0.03	0.02	0.31
左岸 9	未利用地	362.22	0.03	0	0	0.30
左岸 10	未利用地	47.06	0.05	0.02	0.01	0.30
左岸 11	未利用地	947.07	0.04	0	0	0.30
左岸 12	未利用地	127.34	0.13	0.03	0.02	0.31
左岸 13	未利用地	1 206.96	0.07	0	0	0.30
左岸 14	未利用地	31.93	0.29	0.17	0.10	0.37
左岸 15	未利用地	31.18	0.27	0.22	0.14	0.38
右岸 16	未利用地	16.06	0.14	0.24	0.13	0.36
右岸 17	未利用地	122.15	0.05	0.01	0.01	0.30
右岸 18	未利用地	100.93	0.07	0.03	0.01	0.31
右岸 19	未利用地	276.68	0.04	0.01	0	0.30
右岸 20	未利用地	56.83	0.03	0.01	0.01	0.30
右岸 21	未利用地	139.05	0.16	0.05	0.03	0.32
右岸 22	未利用地	58.74	0.11	0.04	0.02	0.31
右岸 23	未利用地	36.71	0.03	0.03	0.02	0.30
右岸 24	未利用地	142.35	0.03	0.01	0.01	0.30
右岸 26	未利用地	40.82	0.08	0.09	0.05	0.32
右岸 27	未利用地	158.53	0.08	0.01	0.01	0.31
右岸 28	未利用地	105.01	0.20	0.09	0.05	0.33
右岸 29	未利用地	140.70	0.12	0.04	0.02	0.31
右岸 31	未利用地	16.99	0.08	0.13	0.08	0.33
右岸 32	未利用地	187.89	0.15	0.07	0.04	0.32

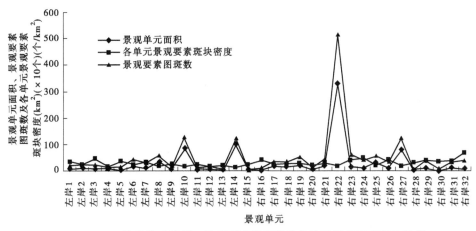

(a)景观单元面积、景观要素图斑数及各单元景观要素斑块密度

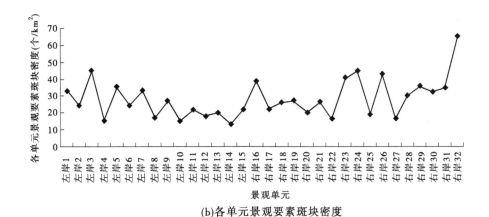

(b)各单元景观要素斑块密度

图 9-1　各水土保持弹性景观单元景观斑块密度

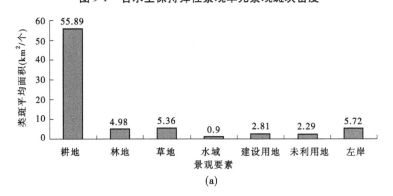

(a)

图 9-2　研究区景观要素类斑平均面积

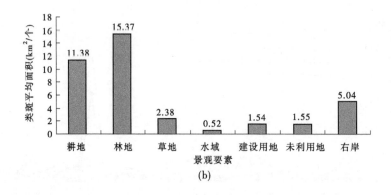

(b)

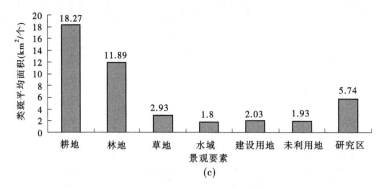

(c)

续图 9-2

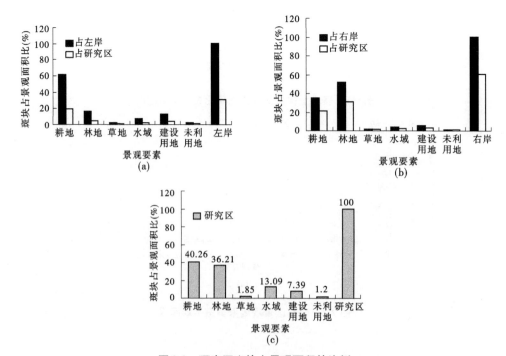

图 9-3　研究区斑块占景观面积的比例

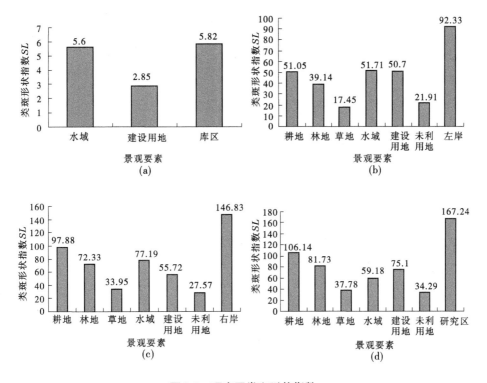

图 9-4 研究区类斑形状指数

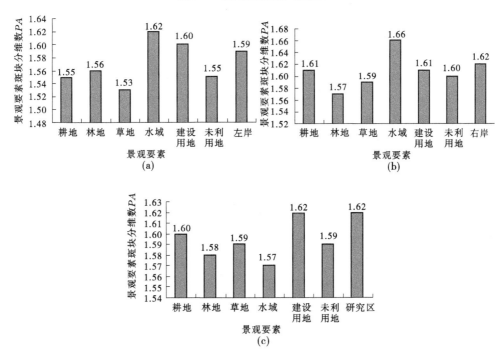

图 9-5 研究区景观要素斑块分维数

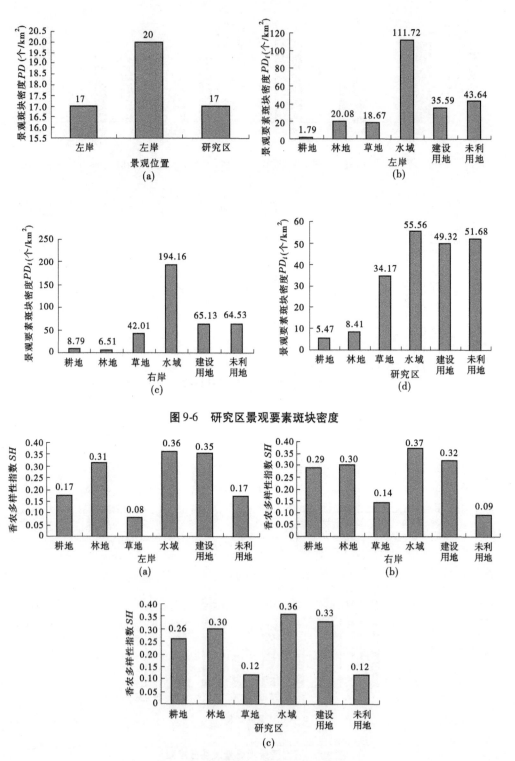

图 9-6　研究区景观要素斑块密度

图 9-7　研究区景观要素香农多样性指数

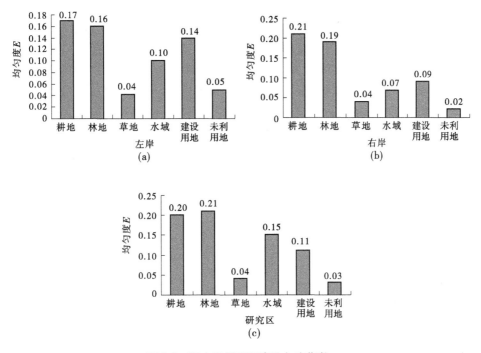

图9-8 研究区景观要素均匀度指数

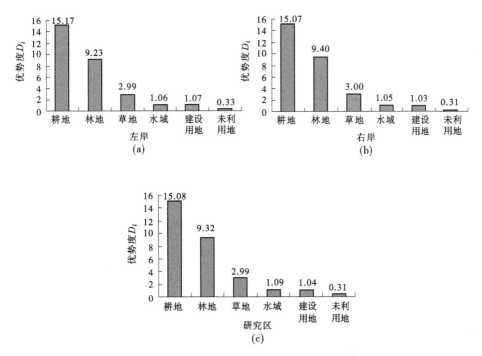

图9-9 研究区景观要素优势度指数

通过表9-1～表9-15和图9-1～图9-9分析可知:

(1) 利用出山店水库研究区1:5万DEM数据、2018年夏态时相2 m分辨率GF-2真彩色融合影像,基于"3S"技术及人机交互解译,将研究区域共划分 33 个水土保持弹性景观单元(包括水库 92 m 水位时库区范围),耕地、林地、草地、水域、建设用地、未利用地基本景观要素斑块 16 686 个,景观斑块密度 17 个/km²,其中库区左岸区域 17 个/km²、右岸 20 个/km²;景观要素斑块密度耕地、林地、草地、水域、建设用地、未利用分别为 5.47 个/km²、8.41 个/km²、34.17 个/km²、55.56 个/km²、49.32 个/km²、51.68 个/km²,左岸库区分别为 1.79 个/km²、20.08 个/km²、18.67 个/km²、111.72 个/km²、35.59 个/km²、43.64 个/km²,右岸库区分别为 8.79 个/km²、6.51 个/km²、42.01 个/km²、194.16 个/km²、65.13 个/km²、64.53 个/km²;除库区外,划分的 32 个水土保持弹性景观单元景观要素斑块密度最大为右岸 32 号单元 65 个/km²,最小为左岸 14 号单元 13 个/km²;库区右岸区域景观要素斑块破碎度较左岸高;耕地景观要素斑块密度最小,其次依次是林地、草地、建设用地、未利用地,水域景观要素斑块密度最大;耕地集中连片程度高、水域点状分布散度最高。

(2)出山店水库研究区景观要素类斑平均面积耕地、林地、草地、水域、建设用地、未利用地分别为 18.27 km²/个、11.89 km²/个、2.93 km²/个、1.80 km²/个、2.03 km²/个、1.93 km²/个,平均 5.74 km²/个,左岸库区分别为 55.89 km²/个、4.98 km²/个、5.36 km²/个、0.90 km²/个、2.81 km²/个、2.29 km²/个,平均 5.72 km²/个,右岸库区分别为 11.38 km²/个、15.37 km²/个、2.38 km²/个、0.52 km²/个、1.54 km²/个、1.55 km²/个,平均 5.04 km²/个;库区左岸景观要素斑块平均面积规模大于右岸库区;耕地景观要素斑块平均面积规模最大,其次依次是林地、草地、建设用地、未利用地,水域景观要素斑块平均面积规模最小。

(3)除库区外,划分的 32 个水土保持弹性景观单元中,耕地、林地、草地、水域、建设用地、未利用地景观要素最大图斑面积分别为 4 650.79 hm²、4 027.58 hm²、96.72 hm²、8 189.59 hm²、189.01 hm²、193.53 hm²,最小景观要素图斑面积为 0.02 hm²,说明景观要素斑块规模变化很大,受干扰程度较大。

(4)除库区外,划分的 32 个水土保持弹性景观单元中,耕地、林地、草地、水域、建设用地、未利用地景观要素类斑形状指数分别为 106.14、81.73、37.78、59.18、75.10、34.29;景观要素斑块分维数耕地、林地、草地、水域、建设用地、未利用地分别为 1.60、1.58、1.59、1.57、1.62、1.59,均大于 1,说明景观要素斑块形状比较复杂,其中耕地景观要素斑块形状复杂程度最大,其次依次林地、建设用地、水域、草地,未利用地景观要素斑块形状复杂程度最小。

(5)除库区外,划分的 32 个水土保持弹性景观单元中,耕地、林地、草地、水域、建设用地、未利用地景观要素类斑香农多样性指数分别为 0.26、0.30、0.12、0.36、0.33、0.12;多样性指数分别为 0.37、0.37、0.07、0.27、0.19、0.05;均匀度分别为 0.20、0.21、0.04、0.15、0.11、0.03,景观要素多样性和均匀度较低。

(6)除库区外 32 个水土保持弹性景观单元中,耕地、林地、草地、水域、建设用地、未利用地景观要素优势度分别为 15.08、9.32、2.99、1.09、1.04、0.31,库区左岸分别为 15.17、9.23、2.99、1.06、1.07、0.33,库区右岸分别为 15.07、9.40、3.00、1.05、1.03、0.31;说明出山店水库研究区景观要素优势度明显,最大为耕地景观要素 15.08,其次为林地

9.32,最小为未利用地 0.31。

9.3　小　结

基于 ArcGIS 技术支持、利用 DEM 数据和 2018 年 2 m 分辨率 GF - 2 真彩色融合遥感影像,将出山店水库研究区共划分为 33 个水土保持弹性景观单元,景观斑块密度 17 个/km²,其中库区左岸 17 个/km²、库区右岸 20 个/km²,库区右岸景观要素斑块破碎度较库区左岸高;耕地景观要素斑块密度最小,水域景观要素斑块密度最大,耕地集中连片程度高、水域点状分布散度最高。景观要素类斑平均面积 5.74 km²/个,库区左岸平均 5.72 km²/个,库区右岸平均 5.04 km²/个。库区左岸景观要素斑块平均面积规模大于库区右岸,耕地景观要素斑块平均面积规模最大,水域景观要素斑块平均面积规模最小。除库区外景观单元中,耕地、林地、草地、水域、建设用地、未利用地景观要素最大图斑面积分别为 4 650.79 hm²、4 027.58 hm²、96.72 hm²、8 189.59 hm²、189.01 hm²、193.53 hm²,最小景观要素图斑面积为 0.02 hm²,说明景观要素斑块规模变化很大,受干扰程度较大。除库区外,耕地、林地、草地、水域、建设用地、未利用地景观要素类斑形状指数分别为 106.14、81.73、37.78、59.18、75.10、34.29,景观要素斑块分维数分别为 1.60、1.58、1.59、1.57、1.62、1.59,均大于 1,景观要素斑块形状比较复杂,其中耕地景观要素斑块形状复杂程度最大,未利用地景观要素斑块形状复杂程度最小。耕地、林地、草地、水域、建筑用地、未利用地类斑香农多样性指数分别为 0.26、0.30、0.12、0.36、0.33、0.12,多样性指数分别为 0.37、0.37、0.07、0.27、0.19、0.05,均匀度分别为 0.20、0.21、0.04、0.15、0.11、0.03,景观要素多样性和均匀度较低。耕地、林地、草地、水域、建设用地、未利用地景观要素优势度分别为 15.08、9.32、2.99、1.09、1.04、0.31,景观要素优势度明显。

第 10 章　出山店水库水土保持弹性景观功能

通过出山店水库水土保持弹性景观单元划分及基本景观要素获取与统计分析,在"3S"技术支持下,在对研究区土地利用动态演变分析、生态脆弱性评价、水土保持生态系统服务功能计算及水土保持弹性景观单元景观特征计算分析评价的基础上,构建弹性景观功能指标体系、筛选因子,建立弹性模型对出山店水库水土保持弹性景观功能进行分析与评价。

10.1　出山店水库水土保持弹性景观功能模型及指标体系

10.1.1　出山店水库水土保持弹性景观功能模型

10.1.1.1　模型的研究思想基础

科学研究按内容一般分为基础研究和应用研究两个方面,Naveh、Lieberman、Weins 等国内外景观生态学家不同意把景观生态学研究人为分为基础研究与应用研究,在坚持景观生态学综合整体性原则前提下,景观生态学的研究划分为静态研究、动态研究、应用研究三大方向。

静态研究主要是针对特定景观结构及在一定结构控制下的景观功能进行的研究,通过说明景观结构特定状态揭示景观格局与景观生态功能之间的相关关系,阐明不同景观要素之间相互影响、相互制约关系。动态研究主要是针对景观动态变化的历史过程、趋势及其控制机制进行的研究;应用研究是景观生态学研究的出发点和落脚点,是在静态研究与动态研究基础上为景观生态合理开发、利用、管理、保护以及景观建设而制定规划设计与实施技术及实践活动。

出山店水库蓄水达到 92 m 水位时形成超过 80 km² 的库区水面,是研究区范围新增面积最大的由人为因素形成的一个景观要素;水库建在淮河干流上,研究区划定的水土保持弹性景观单元产生的水土流失最终汇入库区,水库建设对研究区水土流失将产生重要影响;水库的设计标准、设计运行时长使得库区水域景观要素在今后相当一段时间保持不变。因此,研究以景观生态学静态研究思想为基础,以出山店水库研究区现有景观特定状态为基础,构建模型对出山店水库研究区水土保持景观弹性景观功能进行分析评价。

10.1.1.2　模型构建理论基础

以景观生态学渗透理论为模型构建理论基础,采用景观生态学中性模型建模原理方法,构建出山店水库研究区水土保持弹性景观功能模型。

渗透理论最初是用于描述胶体与玻璃类物质物理特性的,粒子在流体分子不规则热运动和随机扩散过程中,可在介质中随机运动到任何位置,但渗透过程中粒子行为方式显著不同,成为流体在介质中运动研究的理论基础,一直应用于流体在介质中扩散行为的研究;渗透理论中临界阈限在景观生态过程中常被发现,种群动态、干扰蔓延、水土流失、动物运动等均有阈值出现,因此渗透理论在景观生态研究中具有应用价值,并作为景观中性模型建模理论基础倍受重视。不同景观生态过程或景观功能,临界阈限生态学意义及其对人类作用大不相同,不同性质、不同管理目标确定景观的临界值对于景观合理规划和管理都具有重要意义。

中性模型是在假定某一特定景观过程不存在的前提下建立期望格局,将其与实际数据比较,用于揭示景观过程与实际格局之间的关系;建模时通过对经验数据的分析表明某一种景观格局可能是某种过程控制的结果,是一种方法论在建模技术中的体现。由于是渗透理论作为景观建模理论基础,中性模型在景观生态研究中占据着重要地位,是不包含地形变化、空间聚集性、干扰历史和其他生态学过程及其影响的模型,中性模型某些参数与景观格局特征相联系已成为基于渗透理论建立景观动态变化机制模型的重要途径。

10.1.1.3　出山店水库水土保持弹性景观功能模型

土壤侵蚀是水土流失发生发展及其产生危害的关键所在,土壤流失直接导致地形破碎、土层变薄、养分流失、生产力下降,植被功能降低,土壤与植被涵养水源能力下降,植被退化,生态环境恶化,自然植被净第一性生产力下降。通过出山店水库研究区土地利用动态演变分析、生态脆弱性评价、水土保持生态系统服务功能价值计算、水土保持景观要素斑块特征及景观异质性特征计算分析,土壤侵蚀过程是研究区水土保持景观格局的重要制约因素,按照景观生态学静态研究思想和中性模型原理方法,以水土保持功能 SW、生态保护功能 EP、生态生产功能 NPP 三个方面水土保持景观弹性功能建立评价指标体系,以耕地、林地、草地、水域基本景观要素为水土保持弹性景观功能计算对象,构建出山店水库水土保持弹性景观功能模型如下:

$$E = -\frac{1}{3}\sum_{i=1}^{n}\sum_{j=1}^{m}\lg(SW_{ij}) + \frac{1}{3}\sum_{i=1}^{n}\sum_{h=1}^{k}\lg(EP_{ih}) + \frac{1}{3}\sum_{i=1}^{n}\sum_{j=1}^{M}\lg(NPP_{ij}) \quad (10\text{-}1)$$

式中　E——水土保持弹性景观功能,对数无量纲值,阈限 $0 \sim 5$;

SW_{ij}——第 i 个水土保持弹性景观单元第 j 类景观要素水土保持功能, $t/(hm^2 \cdot a)$;

EP_{ih}——第 i 个水土保持弹性景观单元第 h 个生态保护功能;

NPP_{ij}——第 i 个水土保持弹性景观单元第 j 类弹性景观要素净第一性生产力, $kg/(hm^2 \cdot a)$;

n、i——水土保持弹性景观单元数,$n = 33$;

m、j——水土保持弹性景观要素数,$m = 4$;

h、k——生态保护功能指标数,$k = 5$。

$$SW_{ij} = M_{ij} \quad\quad\quad\quad (10\text{-}2)$$

式中　M_{ij}——第 i 个水土保持弹性景观单元第 j 类景观要素水蚀土壤侵蚀模数,$t/(hm^2 \cdot a)$。

$$M_{ij} = RKLSBTE \quad\quad\quad\quad (10\text{-}3)$$

式中　R——降雨侵蚀力因子,组合量纲,$MJ \cdot mm/(hm^2 \cdot h \cdot a)$;

K——土壤可蚀性因子,组合量纲,$t \cdot hm^2 \cdot h/(hm^2 \cdot MJ \cdot mm)$;

LS——坡长 L 因子、坡度 S 因子,无量纲;

B——林草措施因子,无量纲;

T——耕作措施因子,无量纲;

E——水土保持工程措施因子,无量纲。

$$EP_{ih} = FC_i + WL_i + SW_i + NR_i + BS_i \qquad (10\text{-}4)$$

式中　FC_i——第 i 个水土保持弹性景观单元林地覆盖率,% ,$FC_i = (S_{i林} \div S_i) \times 100\%$;

WL_i——第 i 个水土保持弹性景观单元水域保护率,% ,$WL_i = (S_{i水域保护} \div S_{i水域总}) \times 100\%$;

SW_i——第 i 个水土保持弹性景观单元水土保持率,% ,$SW_i = (S_{i保持水土} \div S_i) \times 100\%$;

NR_i——第 i 个水土保持弹性景观单元自然保护地占总土地面积比例,% ;

BS_i——第 i 个水土保持弹性景观单元重点生物物种数保护率,% 。

通过现场调查,出山店水库研究区目前不涉及自然保护区和重点生物物种保护,因此 NR_i、BS_i 在生态保护指标计算时不取值。

$$NPP_{ij} = RDI^2 \times \frac{r(1 + RDI + RDI^2)}{(1 + RDI) \times (1 + RDI^2)} \times \text{Exp}(-\sqrt{9.87 + 6.25RDI}) \qquad (10\text{-}5)$$

$$RDI = (0.629 + 0.237PER - 0.003\ 13PER)^2 \qquad (10\text{-}6)$$

$$PER = PET \div r = BT \times 58.93 \div r \qquad (10\text{-}7)$$

$$BT = \sum t \div 365 \ 或 \ BT = \sum T \div 12 \qquad (10\text{-}8)$$

式中　NPP_{ij}——第 i 个水土保持弹性景观单元第 j 类景观要素净第一性生产力,$t/(hm^2 \cdot a)$;

RDI——辐射干燥度;

r——研究区多年平均年降水量,mm;

PER——研究区可能蒸散量率,mm;

PET——研究区年可能蒸散量,mm;

BT——研究区多年平均生物温度,℃ ;

t——研究区温度大于 0 ℃而小于 30 ℃的日平均值,℃ ;

T——研究区温度大于 0 ℃而小于 30 ℃的月平均值,℃ 。

10.1.1.4　出山店水库水土保持弹性景观功能模型说明

水土保持弹性景观功能由水土保持功能(防治土壤侵蚀)、生态保护功能、生态生产功能三项构成,计算指标和结果量纲各不相同,为简明反映出弹性功能的阈限,对三项功能计算结果取 lg 对数进行数值无量纲化,使弹性阈值更加直观更易判断。

由于研究区及所划分的水土保持弹性景观单元范围内尚无水土流失观测站点、试验站点、动态监测站点及水文泥沙观测站点,因此无土壤流失量及防治土壤流失量实测数据。基于通用土壤流失方程 USLE 修正的中国土壤流失方程 CSLE,利用高分辨率遥感影像、DEM 数据、现场调查在 GIS 技术支持下进行土壤流失测算已在全国水土流失动态监测实践中广泛应用,因此研究利用 CSLE 方程获得土壤流失量的负值作为防治土壤侵蚀功能进入模型计算,获得数值越大,其负值越小,说明土壤侵蚀流失量越大,则防治土壤侵蚀量值越小,水土保持功能越小。

10.1.2　出山店水库水土保持弹性景观功能指标体系

10.1.2.1　指标体系构建原则

构建合理的指标体系是准确进行水土保持弹性景观功能分析评价的基础,出山店水库研究区划分包括 92 m 水位库范围在内共 33 个弹性景观单元,每个单元构成一个水土保持景观生态系统,并按耕地、林地、草地、水域、建设用地、未利用地六类基本景观要素共获取 16 686 个要素图斑,根据水土保持特点,研究按以下原则构建了水土保持弹性景观功能指标体系。

(1)科学性原则。指标体系构建时力求准确、科学反映出山店水库区域水土保持弹性景观生态实际情况,所选指标之间尽量不存在重复、交叉关系,从水土保持功能、生态保护功能、生态生产功能不同角度全面体现弹性功能问题,形成较为完整的指标体系。

(2)代表性原则。水土保持功能分析评价涉及范围较广,表现形式多样,在水土保持弹性景观功能指标选择上应具有典型代表性,并且要避免指标体系杂而多。

(3)获得性原则。水土保持功能分析评价指标部分可直接量化计算,部分需通过间接指标才能量化计算,还有一部分指标无法量化计算,只能定性描述。水土保持弹性景观功能指标选择时应充分考虑数据的可获取性、可量化性和可操作性,尽量选择可量化指标,并且有比较成熟可靠的指标计算方法。

(4)层次性原则。水土保持弹性景观功能指标涉及土壤侵蚀、生态保护、生态生产功能等方面,每个方面指标确定又涉及多个因素,不同指标之间可能存在交叉、重复关系,构建的指标应层次明晰、系统完整。

10.1.2.2　指标体系及因子筛选

结合出山店水库研究区实际情况,按照水土保持弹性景观功能指标体系构建原则,根据水土保持弹性景观功能模型结构参数,从三个层次构建水土保持弹性景观功能指标体系,并进行因子筛选。

第一层面 3 个指标:表征水土保持弹性景观功能的水土保持功能(防治土壤侵蚀)正向指标(用土壤流失量负向指标代替)、生态保护功能(生态良好)正向指标、生态生产功能正向指标。

第二层面 9 个指标:计算土壤流失量的侵蚀模数和景观单元面积 2 个指标;计算生态保护(生态良好)的林草覆盖率、水域保护率、水土保持率、自然保护地面积占陆域国土面积比例、重点生物物种保护率 5 个指标;计算生态生产功能的景观要素净第一性生产力与景观要素面积 2 个指标。

第三层面指标与 15 个因子:计算土壤水蚀模数的降雨侵蚀力因子、土壤可蚀性因子、地形因子、林草措施因子、水保工程因子、耕作措施因子共 6 个因子指标;计算林草覆盖率的林草面积与景观单元面积、水域保护率的保护的水域面积与水域面积、水土保持率的水土流失面积与景观单元面积、自然保护地面积占陆域国土面积比例的自然保护地面积与景观单元面积、重点生物物种保护率的物种数与保护数,由于研究区目前不涉及自然保护地和重点生物物种保护,因此共计 5 个因子指标;计算净第一性生产力的辐射干燥度、多年平均年降水量、日或月气温平均值、景观要素生物量 4 个指标因子。

10.2　出山店水库水土保持弹性景观功能分析评价

10.2.1　模型指标计算

10.2.1.1　水土保持功能指标计算

根据水土保持弹性景观功能模型,水土保持功能主要是土壤流失量指标的计算,等于侵蚀模数和侵蚀面积的乘积,侵蚀面积根据景观单元划分及景观要素组成和研究区土壤侵蚀特点量测、分析可得,侵蚀模数参考全国水土流失动态监测技术规定,基于 2018 年夏态时相 2 m 分辨率 GF－2 真彩色融合影像及 1:5万 DEM 数据,在"3S"技术支持下利用水库工程设计基础资料及水文气象站观测资料,通过土壤侵蚀降雨侵蚀力、土壤可蚀性、地形、林草措施、水保工程、耕作措施等因子获取,基于通用土壤流失方程 USLE 修正的中国土壤流失方程 CSLE 计算而得。

中国土壤流失方程 CSLE 是刘宝元等基于通用流失方程 USLE 的建模思想,根据中国水土流失与水土保持特点,建模时考虑水土保持生物措施、工程措施和耕作措施对防治土壤侵蚀与水土流失的影响,并结合中国地形地貌特征,对地形因子 LS 的计算方法进行改进,修正建立的 CSLE 方程比 USLE 方程更适合中国区域土壤侵蚀模数的计算,结合出山店水库研究区自然状况及土壤侵蚀与水土流失和水土保持特点,参考全国水土流失动态监测技术规定进行土壤侵蚀各因子计算和取值。

(1)数据及来源。

CSLE 方程计算所采用数据来源:出山店水库工程设计采用的水文气象站实测数据;研究区 2018 年夏时相 2 m 分辨率 GF－2 遥感数据,2000 年、2005 年、2010 年、2015 年 Landsat TM 、Landsat OLI 遥感数据;研究区 2018 年 1:5万 DEM 数据;信阳市 2014 年水利普查数据,平桥区及浉河区 2018 年土地利用数据;信阳市 2016 年水土保持规划基础数据;由遥感数据处理衍生数据。

(2)降雨侵蚀力因子指标 R。

降雨侵蚀力 R 是次降雨总动能 E 与最大 30 min 降雨强度 I30 的乘积,单位为 MJ·mm/(hm^2·h),其值大小与区域气象条件有关。研究采用出山店水库研究区水文气象观测数据计算出区域多年平均降雨侵蚀力,用克里金插值法获得研究区降雨侵蚀力因子指标值[MJ·mm/(hm^2·h·a)]。

通过计算,出山店水库研究区降雨侵蚀力因子指标 R 值为 3 915.5～5 510.21 MJ·mm/(hm^2·h·a),其中库区左岸降雨侵蚀力因子指标 R 值在 3 915.5～5 283.45 MJ·mm/(hm^2·h·a),库区右岸降雨侵蚀力因子指标 R 值在 4 896.54～5 510.21 MJ·mm/(hm^2·h·a)。

(3)土壤可蚀性因子指标 K。

土壤可蚀性是土壤抵抗降雨径流侵蚀能力的综合体现,量纲单位为 t·hm^2·h/(hm^2·MJ·mm),与土地壤类型、理化性状、有机质含量等密切相关,研究采用 Wischmeier 根据通用土壤流失方程 USLE 修正的土壤可蚀性因子 K 计算方法进行土壤可蚀性因子指标值的计算。

通过计算，出山店水库研究区土壤可蚀性因子指标 K 值为 0 ~ 0.006 9 t·hm²·h/（hm²·MJ·mm），其中库区左岸土壤可蚀性因子指标 K 值为 0.003 13 ~ 0.006 9 t·hm²·h/（hm²·MJ·mm），库区右岸土壤可蚀性因子指标 K 值在 0 ~ 0.006 66 t·hm²·h/（hm²·MJ·mm）。

（4）地形因子指标 LS。

地形因子 LS 由坡长 L 因子与坡度 S 因子组合而成，因子值无量纲，是土壤侵蚀发生发展的关键影响因子。研究采用刘宝元等建立的 CSLE 方程中坡度因子、坡长因子计算方法进行地形因子指标值计算。

通过计算，出山店水库研究区地形因子指标 LS 值为 0 ~ 31.566 2。

（5）林草措施因子指标 B。

林草措施因子 B 反映植被覆盖和管理状况，因子值无量纲，与林草覆盖度相关，利用 GIS 分析计算时赋值"0 ~ 1"，林草植被对土壤侵蚀的抑制作用"从有到无"，即林草植被覆盖度越低越接近于 0，则林草措施因子 B 值越大越接近于 1，林草植被对土壤侵蚀抑制作用越小、土壤侵蚀越严重。

研究采用 0 ~ 1 赋值法进行林草措施因子指标 B 取值，根据出山店水库研究区土地利用和水土保持景观要素情况，耕地 B 值赋 1，林地草地赋值 0.01，水域赋值 0.001，建设用地赋值 0.01 ~ 0.025，未利用地赋值 1。

（6）水土保持工程措施因子指标 E。

水土保持工程措施是应用工程原理修筑的防治水土流失、保护改良与合理利用水土资源的各项设施，主要包括山坡水土保持工程、沟道治理工程、山洪及泥石流排导工程和小型蓄水供水工程。水土保持工程措施因子是采取工程措施与没有工程措施的土壤流失量之比。

研究采用 0 ~ 1 赋值法进行水土保持工程措施因子指标 E 取值，利用 GF - 2 遥感影像解译成果对各景观要素地块进行赋值，梯田赋值 0.1，其他地类赋值 1，根据出山店水库研究区遥感解译和土地利用实际情况，水土保持工程措施因子指标 E 值取 1。

（7）耕作措施因子指标 T。

水土保持耕作措施是在水蚀和风蚀农田中采用改变小地形、增加植物被覆、地面覆盖和增强土壤抗蚀力等方法达到保水、保土、保肥、改良土壤、提高产量的农业生产技术措施。耕作措施因子是采取耕作措施与未采取耕作措施的土地土壤流失量之比。

研究采用 0 ~ 1 赋值法进行耕作措施因子指标 E 取值，利用 GF - 2 遥感影像解译成果对各景观要素地块进行赋值，根据出山店水库研究区遥感解译和土地利用实际情况，耕地赋值 0.372，其他地类赋值 1。

10.2.1.2　生态保护功能指标计算

参考美丽中国国家发展建设评估指标体系中与水土保持及生态保护相关的生态良好评估指标构成，生态保护功能指标包括林地覆盖率、水域保护率、水土保持率、自然保护地占总土地面积比例、重点生物物种数保护率 5 个指标，根据出山店水库研究区实际情况，因不涉及自然保护地和重点生物物种保护，研究选取林地覆盖率、水域保护率、水土保持率三个指标进行生态保护功能指标计算。

（1）林地覆盖率。

林地覆盖率指标 FC_i 计算，根据出山店水库研究区水土保持弹性景观单元划分和利用 GF－2 遥感数据提取的各景观单元基本景观要素图斑面积，采用统计方法计算林地面积与研究区及各景观单元面积的比值，得出 FC_i 指标值。

（2）水域保护率。

水域保护率指标 WL_i 计算，根据出山店水库研究区水土保持弹性景观单元划分和利用 GF－2 遥感数据提取的各单元基本景观要素图斑面积，采用统计方法计算水域面积，计算时将研究区内所有水域面积均确定为保护面积，即水域保护率指标 WL_i 指标值为 100%。

（3）水土保持率。

水土保持率指标 SW_i 计算，根据信阳市水利（水土保持）普查以及信阳市水土保持规划中水土流失特征成果数据，并根据基于 CSLE 方程的计算结果，统计计算出山店水库研究区及每个水土保持弹性景观单元水土流失面积，水土保持面积等于总面积减去水土流失面积，水土保持面积与总面积的比值作为水土保持率 SW_i 指标值。

10.2.1.3　生态生产功能指标计算

生态生产功能指标主要计算耕地、林地、草地、水域四类水土保持弹性景观要素的净第一性生产力，在出山店水库研究区本底自然植被净第一性生产力计算的基础上，通过研究区样方生物量调查，计算求得耕地、林地、草地水土保持弹性景观要素净第一性生产力值。

根据出山店水库工程设计水文气象及环境影响成果资料数据，研究区年降水量 800～1 200 mm，多年平均年降水量 1 000 mm，多年平均气温 15.0 ℃，利用式（10-4）～式（10-8）和研究区年降水量变幅与气温变幅，计算得到研究区多年平均生物温度，进一步计算求得不同平均年降水量条件下研究区本底自然植被净第一性生产力结果为 8 360～11 090 kg/（hm² · a），见表 10-1。

表 10-1　出山店水库研究区本底自然植被净第一性生产力计算结果

多年平均年降水量 （mm）	多年平均生物温度 （℃）	本底自然植被净第一性生产力 [kg/（hm² · a）]
800	13.7	8 360
1 000	13.7	9 240
1 200	13.7	10 110
800	15.1	8 830
1 000	15.1	9 730
1 200	15.1	10 600
800	16.4	9 280
1 000	16.4	10 210
1 200	16.4	11 090

通过研究区 20 个典型样方调查实测，获得不同典型样方生物量，结果见表 10-2。

表 10-2　出山店水库研究区典型样方生物量调查实测结果

典型样方号	样方类型	样方特征	生物量（kg/hm²）
1	乔木样方	2 种优势乔木混生	295 000
2	灌木样方	1 种优势灌木纯生,盖度70%	84 000
3	草本样方	6 种优势草类混生,盖度50%	8 750
4	草本样方	7 种优势草类混生,盖度80%	16 540
5	乔木样方	6 种优势乔木混生	378 000
6	乔木样方	5 种优势乔木混生	410 000
7	乔木样方	6 种优势乔木混生	322 000
8	乔木样方	3 种优势乔木混生	428 000
9	灌木样方	3 种优势灌木混生	121 000
10	灌木样方	4 种优势灌木混生	134 000
11	灌木样方	3 种优势灌木混生	126 000
12	灌木样方	3 种优势灌木混生	151 000
13	草本样方	5 种优势草类混生	17 000
14	草本样方	4 种优势草类混生	21 000
15	草本样方	4 种优势草类混生	31 000
16	草本样方	3 种优势草类混生	23 000
17	草本样方	4 种优势草类混生	18 000
18	草本样方	4 种优势草类混生	28 000
19	草本样方	5 种优势草类混生	22 000
20	草本样方	3 种优势草类混生	31 000

根据研究区典型样方生物量调查实测数据,利用式(10-1)～式(10-8)计算求得水土保持弹性景观要素耕地、林地、草地、水域净第一性生产力,结果见表10-3。

表 10-3　出山店水库研究区水土保持弹性景观要素净第一性生产力计算结果

水土保持弹性景观要素类型	研究区范围内面积（hm²）	净第一性生产力[kg/(hm²·a)]
耕地	38 574.73	6 140
林地	34 696.11	12 510
草地	1 770.42	5 200
水域	12 538.65	4 000

根据表10-3耕地、林地、草地、水域净第一性生产力计算结果,对出山店水库研究区划分的33个水土保持弹性景观单元生态生产功能指标进行计算。

根据研究区土地利用动态演变分析、生态脆弱性评价和水土保持生态系统服务功能价值计算及33个水土保持弹性景观单元景观要素基本特征计算分析结果,建立方程对水土保持弹性景观单元生态生产功能进行优化,求解生态生产功能最大值与最小值,获得每个景观单元生态生产功能阈值,计算公式如下:

$$NPP_{ij} = 6.14N_{耕i} + 12.51N_{林i} + 5.2N_{草i} + 4.0N_{水i} \qquad (10\text{-}9)$$

式中　NPP_{ij}——第 i 个水土保持弹性景观单元第 j 个 NPP 最大值及最小值;

$N_{耕i}$——第 i 个水土保持弹性景观单元耕地 NPP 最大值及最小值；

$N_{林i}$——第 i 个水土保持弹性景观单元林地 NPP 最大值及最小值；

$N_{草i}$——第 i 个水土保持弹性景观单元草地 NPP 最大值及最小值；

$N_{水i}$——第 i 个水土保持弹性景观单元水域 NPP 最大值及最小值。

利用 Matlab 软件写入计算程序进行运行,计算求得 NPP_i 最大值与最小值,计算程序见表 10-4。

表 10-4　生态生产功能方程优化计算程序

行	程序写码
1	% 目标函数 $12.51S_{林}+5.2S_{草}+4.0S_{水}+6.14S_{耕}$,求最小值和最大值
2	% 约束条件:
3	% $S_{林}+S_{草}+S_{水}+S_{耕}$ ≤ 最大面积值
4	% $S_{林}+S_{草}+S_{水}+S_{耕}$ ≥ 最小面积值
5	%%%%%%%%%%%%%%%%%%%%%%%%%%%%%%
6	clc;
7	clear;
8	f1 = [-12.51; -5.2; -4.0; -6.14]; % 由于 linprog 是求最小值的,题意为最大值,取负数就变成最大值了。
9	f2 = [12.51;5.2;4.0;6.14]; % 求最小值。
10	A1 = [1,1,1,1; -1, -1, -1, -1]; % 不等式约束条件的左边,写成矩阵的形式,注意这里是小于号,如果题目为大于号,两边加负号
11	b = [最大值;最小值]; % 不等式约束条件的右边
12	Aeq = []; % 等式约束的左边
13	beq = []; % 等式约束的右边
14	xmin = [最小值,最小值,最小值,最小值]; % 各个变量的最小值,如果没有最小值,也就是最小值为负无穷,用 - inf 表示
15	xmax = [最大值,最大值,最大值,最大值]; % 各个变量的最大值,如果没有最大值,用 inf（正无穷）表示
16	x0 = xmin; % 迭代的初值
17	[x1 ,fmax] = linprog(f1 ,A1 ,b ,Aeq ,beq ,xmin ,xmax ,x0);
18	[x2 ,fmin] = linprog(f2 ,A1 ,b ,Aeq ,beq ,xmin ,xmax ,x0);
19	x1, - fmax,x2,fmin

利用表 10-4 中计算程序,在 Matlab 软件中进行优化运行计算,求得除出山店水库库区景观单元外 32 个水土保持弹性景观单元及出山店水库库区左岸、库区右岸、研究区范围的 NPP 最大值与最小值,结果见表 10-5,将求得的最大值与最小值代入弹性景观功能

E 模型方程中进行水土保持弹性景观生态生产功能阈值计算。

表 10-5　生态生产功能方程优化计算结果

单元	$S_\text{林}+S_\text{草}+S_\text{水}+S_\text{耕}$ 最大值	$S_\text{林}+S_\text{草}+S_\text{水}+S_\text{耕}$ 最小值	NPP 最大值	NPP 最小值
	$NPP=12.51S_\text{林}+5.2S_\text{草}+4.0S_\text{水}+6.14S_\text{耕}$，$NPP$ 最大值与最小值			
1	533.09	99.83	6 668.96	399.32
2	845.43	103.38	10 576.33	413.52
3	418.88	79.58	5 240.19	318.32
4	708.28	129.75	8 860.58	519.00
5	308.78	57.82	3 862.84	231.28
6	1 571.07	231.40	19 654.09	925.60
7	714.90	213.06	8 943.40	852.24
8	2 884.56	372.18	36 085.85	1 488.72
9	449.53	117.94	5 623.62	471.76
10	7 709.60	901.31	96 447.10	3 605.24
11	412.22	69.38	5 156.87	277.52
12	712.50	84.36	8 913.38	337.44
13	247.68	11.92	3 098.48	47.68
14	8 687.21	1 182.43	108 677.00	4 729.72
15	198.77	7.18	2 486.61	28.72
16	259.27	33.16	3 243.47	132.64
17	1 514.30	43.01	18 943.89	172.04
18	1 127.13	86.68	14 100.40	346.72
19	1 876.42	107.58	23 474.01	430.32
20	739.54	74.76	9 251.65	299.04
21	1 357.88	252.21	16 987.08	1 008.84
22	31 212.86	1 984.16	390 472.88	7 936.64
23	1 378.49	82.37	17 244.91	329.48
24	786.94	123.08	9 844.62	492.32
25	2 750.62	116.23	34 410.26	464.92
26	673.15	80.39	8 421.11	321.56
27	7 696.15	241.68	96 278.84	966.72
28	118.08	5.70	1 477.18	22.80
29	1 062.75	35.87	13 295.00	143.48
30	157.08	8.21	1 965.07	32.84
31	930.82	35.89	11 644.56	143.56
32	546.67	46.90	6 838.84	187.60
左岸	26 440.98	3 661.51	330 776.66	14 646.04
右岸	54 188.74	3 357.88	677 901.14	13 431.52
研究区	88 731.12	7 078.28	1 110 026.31	28 313.12

10.2.2　水土保持弹性景观功能计算结果

根据建立的水土保持弹性景观功能 E 模型方程[式(10-1)],以及构建的计算指标体系与指标计算方法及取值[式(10-1)~式(10-8)],对出山店水库研究区 33 个水土保持弹性景观单元以及出山店水库库区左岸、库区右岸、研究区范围进行弹性景观功能 E 值计算,结果见表 10-6~表 10-41 和图 10-1~图 10-16。

表 10-6　第 0 单元水土保持弹性景观功能计算结果

功能指标	指标优化最大对数值	指标优化最小对数值	指标现状对数值
SW	—	—	—
EP	0.667	0.667	0.667
NPP	1.504	1.504	1.504
E	2.170	2.170	2.170

表 10-7　第 1 单元水土保持弹性景观功能计算结果

功能指标	指标优化最大对数值	指标优化最小对数值	指标现状对数值
SW	− 0.670	− 0.627	− 0.650
EP	1.960	0.450	1.424
NPP	2.275	1.867	2.169
E	3.565	1.690	2.943

表 10-8　第 2 单元水土保持弹性景观功能计算结果

功能指标	指标优化最大对数值	指标优化最小对数值	指标现状对数值
SW	− 0.665	− 0.622	− 0.645
EP	1.973	0.394	1.620
NPP	2.341	1.872	2.249
E	3.650	1.644	3.224

表 10-9　第 3 单元水土保持弹性景观功能计算结果

功能指标	指标优化最大对数值	指标优化最小对数值	指标现状对数值
SW	− 0.592	− 0.549	− 0.572
EP	1.958	0.457	1.443
NPP	2.240	1.834	2.135
E	3.606	1.742	3.006

表 10-10　第 4 单元水土保持弹性景观功能计算结果

功能指标	指标优化最大对数值	指标优化最小对数值	指标现状对数值
SW	-0.612	-0.568	-0.592
EP	1.966	0.428	1.391
NPP	2.316	1.905	2.213
E	3.670	1.765	3.013

表 10-11　第 5 单元水土保持弹性景观功能计算结果

功能指标	指标优化最大对数值	指标优化最小对数值	指标现状对数值
SW	-0.564	-0.521	-0.544
EP	1.957	0.399	1.407
NPP	2.196	1.788	2.091
E	3.588	1.667	2.954

表 10-12　第 6 单元水土保持弹性景观功能计算结果

功能指标	指标优化最大对数值	指标优化最小对数值	指标现状对数值
SW	-0.601	-0.558	-0.581
EP	1.963	0.371	1.560
NPP	2.431	1.989	2.332
E	3.793	1.802	3.311

表 10-13　第 7 单元水土保持弹性景观功能计算结果

功能指标	指标优化最大对数值	指标优化最小对数值	指标现状对数值
SW	-0.571	-0.528	-0.551
EP	1.950	0.454	1.527
NPP	2.317	1.977	2.220
E	3.696	1.904	3.196

表 10-14　第 8 单元水土保持弹性景观功能计算结果

功能指标	指标优化最大对数值	指标优化最小对数值	指标现状对数值
SW	-0.640	-0.597	-0.620
EP	1.968	0.361	1.538
NPP	2.519	2.058	2.419
E	3.847	1.821	3.337

表 10-15　第 9 单元水土保持弹性景观功能计算结果

功能指标	指标优化最大对数值	指标优化最小对数值	指标现状对数值
SW	-0.589	-0.546	-0.569
EP	1.961	0.430	1.570
NPP	2.250	1.891	2.168
E	3.622	1.776	3.169

表 10-16　第 10 单元水土保持弹性景观功能计算结果

功能指标	指标优化最大对数值	指标优化最小对数值	指标现状对数值
SW	-0.708	-0.664	-0.688
EP	1.962	0.344	1.644
NPP	2.661	2.186	2.567
E	3.916	1.866	3.523

表 10-17　第 11 单元水土保持弹性景观功能计算结果

功能指标	指标优化最大对数值	指标优化最小对数值	指标现状对数值
SW	-0.732	-0.689	-0.712
EP	1.969	0.386	1.717
NPP	2.237	1.814	2.159
E	3.474	1.512	3.164

表 10-18　第 12 单元水土保持弹性景观功能计算结果

功能指标	指标优化最大对数值	指标优化最小对数值	指标现状对数值
SW	-0.666	-0.623	-0.646
EP	1.976	0.349	1.561
NPP	2.317	1.843	2.220
E	3.627	1.570	3.135

表 10-19　第 13 单元水土保持弹性景观功能计算结果

功能指标	指标优化最大对数值	指标优化最小对数值	指标现状对数值
SW	-0.699	-0.655	-0.679
EP	1.983	0.222	1.715
NPP	2.164	1.559	2.080
E	3.448	1.126	3.116

表 10-20 第 14 单元水土保持弹性景观功能计算结果

功能指标	指标优化最大对数值	指标优化最小对数值	指标现状对数值
SW	-0.860	-0.817	-0.840
EP	1.973	0.897	1.815
NPP	2.679	2.225	2.615
E	3.791	2.305	3.590

表 10-21 第 15 单元水土保持弹性景观功能计算结果

功能指标	指标优化最大对数值	指标优化最小对数值	指标现状对数值
SW	-0.695	-0.652	-0.675
EP	1.961	0.369	1.780
NPP	2.132	1.486	2.043
E	3.398	1.204	3.149

表 10-22 第 16 单元水土保持弹性景观功能计算结果

功能指标	指标优化最大对数值	指标优化最小对数值	指标现状对数值
SW	-0.766	-0.749	-0.758
EP	1.962	0.447	1.774
NPP	2.170	1.708	2.087
E	3.367	1.406	3.103

表 10-23 第 17 单元水土保持弹性景观功能计算结果

功能指标	指标优化最大对数值	指标优化最小对数值	指标现状对数值
SW	-0.793	-0.775	-0.784
EP	1.989	0.635	1.845
NPP	2.426	1.745	2.368
E	3.622	1.605	3.428

表 10-24 第 18 单元水土保持弹性景观功能计算结果

功能指标	指标优化最大对数值	指标优化最小对数值	指标现状对数值
SW	-0.768	-0.750	-0.759
EP	1.980	0.294	1.776
NPP	2.383	1.847	2.311
E	3.595	1.390	3.328

表 10-25   第 19 单元水土保持弹性景观功能计算结果

功能指标	指标优化最大对数值	指标优化最小对数值	指标现状对数值
SW	-0.771	-0.754	-0.762
EP	1.981	0.247	1.779
NPP	2.457	1.878	2.382
E	3.667	1.371	3.398

表 10-26   第 20 单元水土保持弹性景观功能计算结果

功能指标	指标优化最大对数值	指标优化最小对数值	指标现状对数值
SW	-0.746	-0.729	-0.738
EP	1.975	0.801	1.820
NPP	2.322	1.825	2.262
E	3.551	1.897	3.344

表 10-27   第 21 单元水土保持弹性景观功能计算结果

功能指标	指标优化最大对数值	指标优化最小对数值	指标现状对数值
SW	-0.707	-0.690	-0.699
EP	1.644	0.408	1.483
NPP	2.410	2.001	2.320
E	3.347	1.719	3.103

表 10-28   第 22 单元水土保持弹性景观功能计算结果

功能指标	指标优化最大对数值	指标优化最小对数值	指标现状对数值
SW	-0.752	-0.735	-0.743
EP	1.982	0.755	1.916
NPP	2.864	2.300	2.832
E	4.094	2.320	4.005

表 10-29   第 23 单元水土保持弹性景观功能计算结果

功能指标	指标优化最大对数值	指标优化最小对数值	指标现状对数值
SW	-0.695	-0.678	-0.687
EP	1.981	0.264	1.797
NPP	2.412	1.839	2.343
E	3.698	1.425	3.452

表 10-30　第 24 单元水土保持弹性景观功能计算结果

功能指标	指标优化最大对数值	指标优化最小对数值	指标现状对数值
SW	− 0.672	− 0.655	− 0.663
EP	1.959	0.379	1.700
NPP	2.331	1.897	2.246
E	3.619	1.621	3.283

表 10-31　第 25 单元水土保持弹性景观功能计算结果

功能指标	指标优化最大对数值	指标优化最小对数值	指标现状对数值
SW	− 0.744	− 0.727	− 0.736
EP	1.982	0.680	1.812
NPP	2.512	1.889	2.446
E	3.750	1.842	3.522

表 10-32　第 26 单元水土保持弹性景观功能计算结果

功能指标	指标优化最大对数值	指标优化最小对数值	指标现状对数值
SW	− 0.714	− 0.697	− 0.705
EP	1.965	0.371	1.678
NPP	2.308	1.836	2.215
E	3.560	1.510	3.188

表 10-33　第 27 单元水土保持弹性景观功能计算结果

功能指标	指标优化最大对数值	指标优化最小对数值	指标现状对数值
SW	− 0.772	− 0.755	− 0.764
EP	1.989	0.647	1.926
NPP	2.661	1.995	2.631
E	3.878	1.887	3.793

表 10-34　第 28 单元水土保持弹性景观功能计算结果

功能指标	指标优化最大对数值	指标优化最小对数值	指标现状对数值
SW	− 0.716	− 0.699	− 0.708
EP	1.981	0.849	1.924
NPP	2.056	1.453	2.030
E	3.321	1.603	3.246

表 10-35　第 29 单元水土保持弹性景观功能计算结果

功能指标	指标优化最大对数值	指标优化最小对数值	指标现状对数值
SW	−0.762	−0.745	−0.753
EP	1.987	0.684	1.937
NPP	2.375	1.719	2.348
E	3.600	1.658	3.532

表 10-36　第 30 单元水土保持弹性景观功能计算结果

功能指标	指标优化最大对数值	指标优化最小对数值	指标现状对数值
SW	−0.734	−0.717	−0.726
EP	1.974	0.709	1.815
NPP	2.098	1.505	2.031
E	3.337	1.497	3.121

表 10-37　第 31 单元水土保持弹性景观功能计算结果

功能指标	指标优化最大对数值	指标优化最小对数值	指标现状对数值
SW	−0.781	−0.764	−0.773
EP	1.985	0.778	1.909
NPP	2.355	1.719	2.316
E	3.558	1.732	3.452

表 10-38　第 32 单元水土保持弹性景观功能计算结果

功能指标	指标优化最大对数值	指标优化最小对数值	指标现状对数值
SW	−0.750	−0.733	−0.742
EP	1.978	0.805	1.882
NPP	2.278	1.758	2.234
E	3.506	1.829	3.374

表 10-39　出山店水库库区左岸区域水土保持弹性景观功能计算结果

功能指标	指标优化最大对数值	指标优化最小对数值	指标现状对数值
SW	−0.766	−0.723	−0.746
EP	1.967	0.387	1.713
NPP	2.840	2.389	2.755
E	4.040	2.053	3.722

表 10-40　出山店水库库区右岸区域水土保持弹性景观功能计算结果

功能指标	指标优化最大对数值	指标优化最小对数值	指标现状对数值
SW	−0.760	−0.743	−0.752
EP	1.982	0.750	1.895
NPP	2.944	2.376	2.904
E	4.166	2.384	4.047

表 10-41　出山店水库研究区水土保持弹性景观功能计算结果

功能指标	指标优化最大对数值	指标优化最小对数值	指标现状对数值
SW	−0.817	−0.768	−0.800
EP	1.964	0.788	1.840
NPP	3.015	2.484	2.954
E	4.162	2.505	3.994

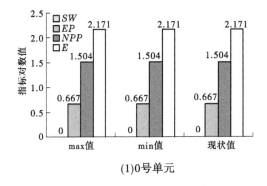

(1)0号单元

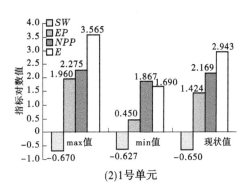

(2)1号单元

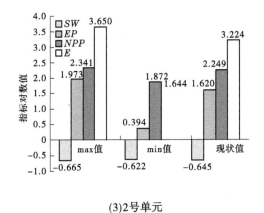

(3)2号单元

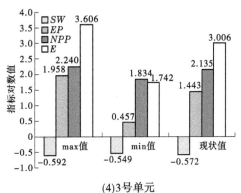

(4)3号单元

图 10-1　第 0～32 单元水土保持弹性景观功能构成

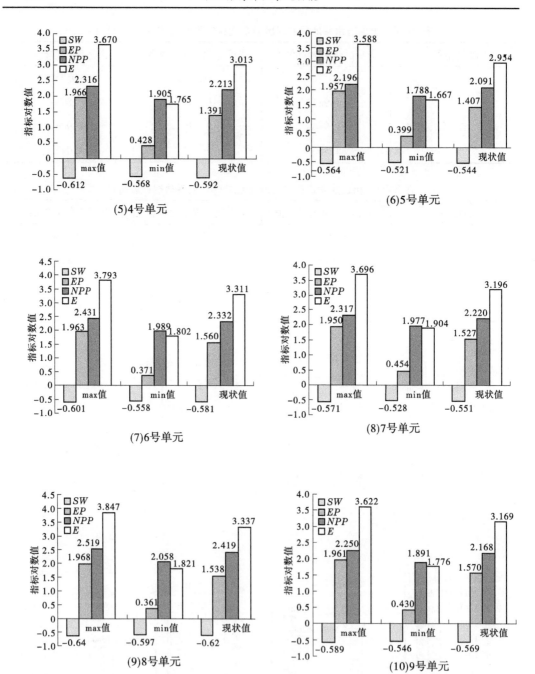

(5)4号单元　　　　　　　　　　(6)5号单元

(7)6号单元　　　　　　　　　　(8)7号单元

(9)8号单元　　　　　　　　　　(10)9号单元

续图 10-1

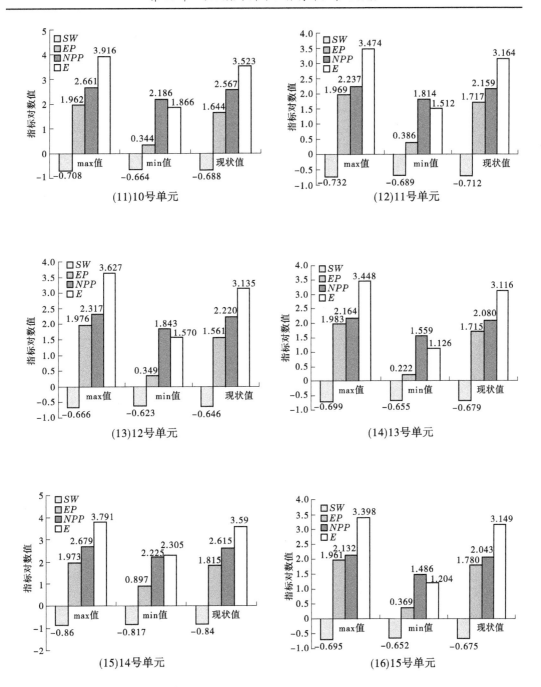

(11)10号单元

(12)11号单元

(13)12号单元

(14)13号单元

(15)14号单元

(16)15号单元

续图 10-1

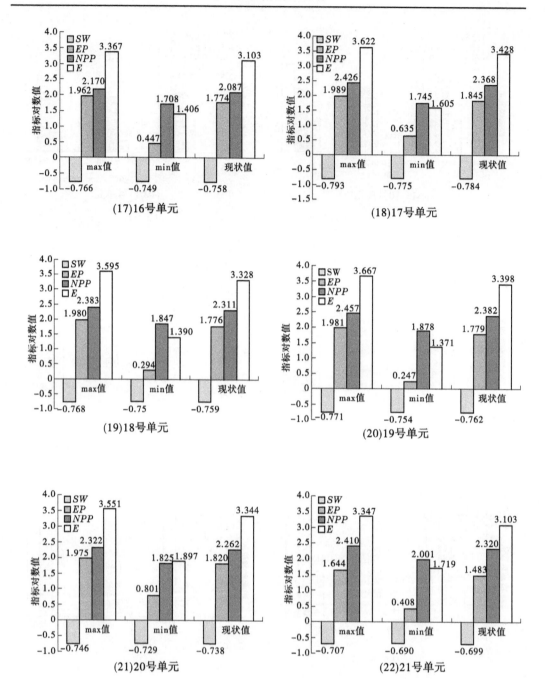

续图 10-1

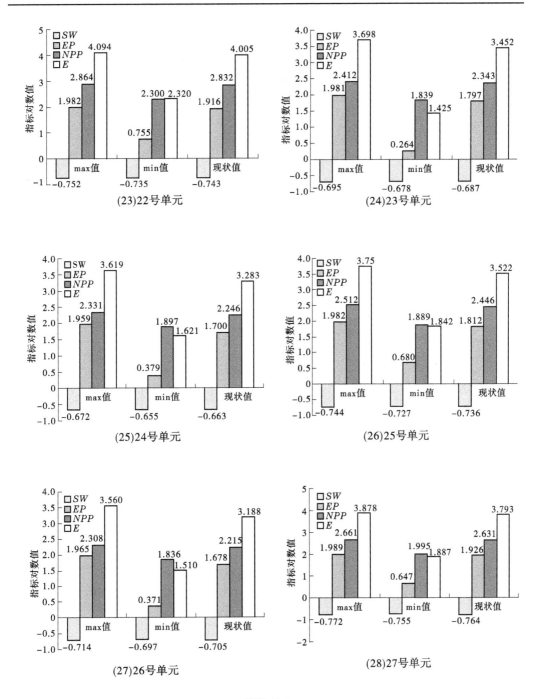

续图 10-1

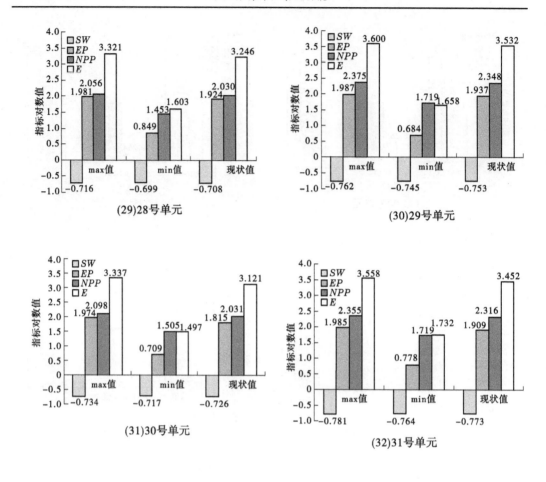

(29)28号单元　　　　　　　　　　(30)29号单元

(31)30号单元　　　　　　　　　　(32)31号单元

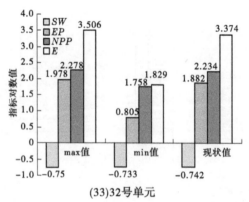

(33)32号单元

续图10-1

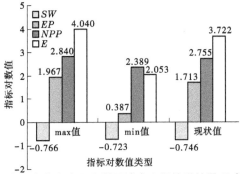

图 10-2　出山店水库库区左岸区域水土保持弹性景观功能构成

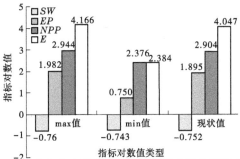

图 10-3　出山店水库库区右岸区域水土保持弹性景观功能构成

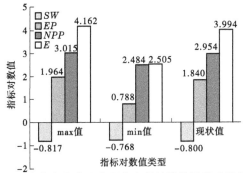

图 10-4　出山店水库研究区水土保持弹性景观功能构成

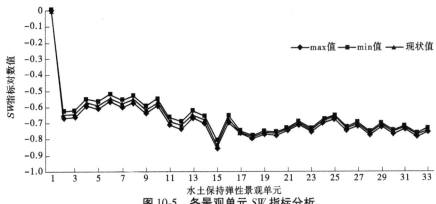

图 10-5　各景观单元 *SW* 指标分析

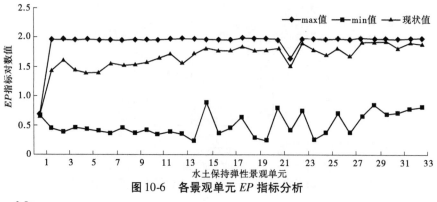

图 10-6　各景观单元 *EP* 指标分析

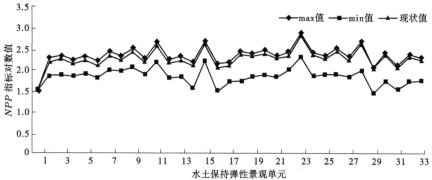

图 10-7　各景观单元 *NPP* 指标分析

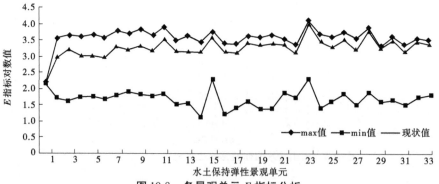

图 10-8　各景观单元 *E* 指标分析

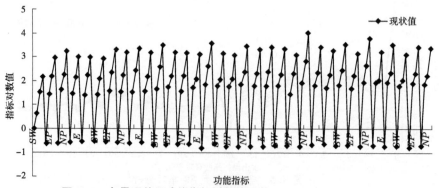

图 10-9　各景观单元功能指标对数值现状(*SW—EP—NPP—E*)

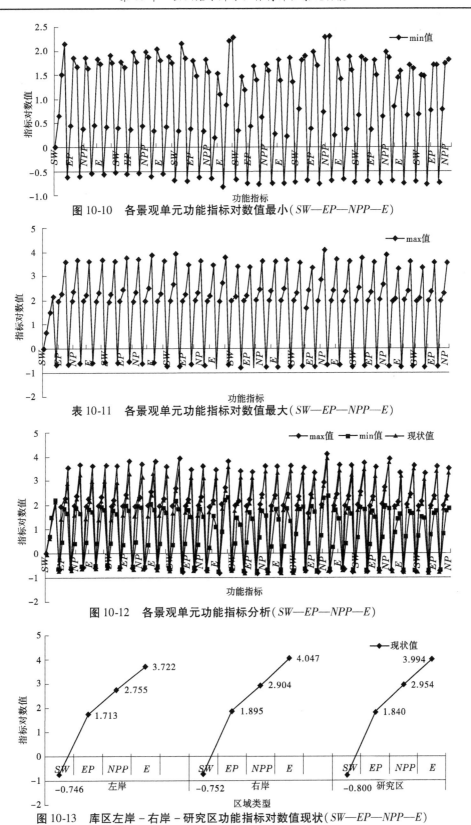

图 10-10　各景观单元功能指标对数值最小（SW—EP—NPP—E）

表 10-11　各景观单元功能指标对数值最大（SW—EP—NPP—E）

图 10-12　各景观单元功能指标分析（SW—EP—NPP—E）

图 10-13　库区左岸－右岸－研究区功能指标对数值现状（SW—EP—NPP—E）

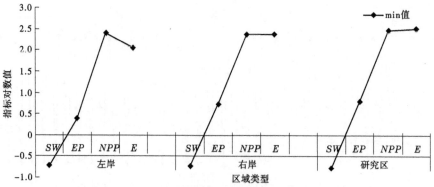

图 10-14　库区左岸－右岸－研究区功能指标对数值最小（SW—EP—NPP—E）

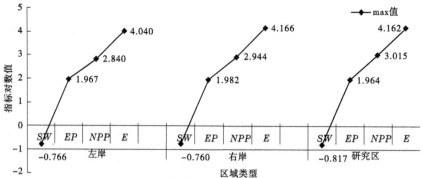

图 10-15　库区左岸－右岸－研究区功能指标对数值最大（SW—EP—NPP—E）

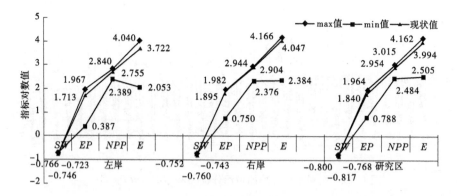

图 10-16　库区左岸－右岸－研究区功能指标分析（SW—EP—NPP—E）

　　通过 E 模型方程及功能指标体系计算程序优化取值,求得出山店水库研究区 33 个水土保持弹性景观单元以及出山店水库库区左岸、库区右岸、整个研究区范围 SW、EP、NPP、E 的指标对数值最大值、最小值、现状值,由表 10-6 ~ 表 10-41 和图 10-2 ~ 图 10-17 分析可以看出:

　　(1)利用构建的水土保持弹性景观功能模型及附属方程群,E 阈值 0 ~ 5,E 值越大, 说明研究区域土壤侵蚀越轻微、生态环境越优良、生态生产功能越大;反之,E 值越小,说 明研究区域土壤侵蚀越严重、生态环境恶劣、生态生产功能越低;水土保持功能(防治土 壤流失)以研究区土壤侵蚀模数负值表征,即土壤侵蚀模数越大、土壤流失越严重、水土保持防治土壤流失功能越小;E 值与生态保护功能、生态生产功能呈正相关关系,与土壤侵蚀模数(防治土壤流失功能负值)呈负相关关系。

(2)出山店水库研究区范围总面积 95 809.41 hm²,耕地、林地、草地、水域水土保持弹性景观要素面积分别为 38 574.73 hm²、34 696.11 hm²、1 770.42 hm²、12 538.65 hm²,分别占研究区总面积的 40.26%、36.21%、1.85%、13.09%,面积比例为 1:0.90:0.05:0.33,水土保持弹性景观功能 E 最大值、最小值分别为 4.162、2.505,现状值为 3.994,均超过 E 阈限平均值 2.5,说明出山店水库研究区水土流失相对轻微、E 生态环境良好、生态生产功能较大,水土保持景观功能现状值还未达到最大值,说明研究区生态保护、防治水土流失还存在继续实施的空间。

(3)把出山店水库研究区从空间上分为库区、库区左岸、库区右岸三个片区、总计 33 个弹性景观单元,将水库 92 m 水位形成的水面范围单独划为一个景观单元(0 号单元),面积 8 160.28 hm²,其中水域面积 8 101.39 hm²、建设用地(大坝)面积 58.89 hm²;库区左岸 15 个景观单元,总面积 30 102.49 hm²,耕地、林地、草地、水域水土保持弹性景观要素面积分别为 18 276.15 hm²、4 861.70 hm²、594.56 hm²、2 000.59 hm²,分别占库区左岸总面积的 60.71%、16.15%、1.98%、6.65%,面积比例为 1:0.27:0.03:0.11,水土保持弹性景观功能 E 最大值、最小值分别为 4.040、2.053,E 现状值为 3.722;库区右岸 17 个景观单元,总面积 53 745.52 hm²,耕地、林地、草地、水域水土保持弹性景观要素面积分别为 20 298.58 hm²、29 834.41 hm²、1 175.87 hm²、2 436.66 hm²,分别占库区右岸总面积的 35.27%、51.84%、2.04%、4.23%,面积比例为 1:1.47:0.06:0.12,水土保持弹性景观功能 E 最大值、最小值分别为 4.166、2.384,E 现状值为 4.047;库区右岸 E 值均大于库区左岸,说明库区右岸区域水土流失程度轻于左岸、生态脆弱性小于左岸。

(4)根据出山店水库研究区 33 个水土保持弹性景观单元 E 值计算结果,E 最大值中的最大值为 4.094、最小值为 3.321,分别为第 28 号单元和第 22 号单元,两个单元内耕地、林地、草地、水域水土保持弹性景观要素面积分别占单元总面积的 19.04%、67.91%、0、6.13% 和 27.45%、60.08%、1.58%、4.09%,面积比例分别为 1:3.57:0:0.32、1:2.19:0.06:0.15,最大值比最小值大 23.28%;E 最小值中的最大值为 2.320、最小值为 1.126,分别为第 22 号单元和第 13 号单元,第 13 号单元内耕地、林地、草地、水域水土保持弹性景观要素面积分别占单元总面积的 76.06%、14.62%、0、4.70%,面积比例为 1:0.19:0:0.06,最大值比最小值大 106.04%;可以看出,33 个景观单元中 E 最大值为 4.094、最小值 1.126,最大值比最小值大 263.59%,最小值小于 E 阈值平均值 2.5,说明出山店水库研究区还存在局部水土流失严重、生态环境恶劣区域,还需加强水土流失防治和生态治理与保护。

(5)构成水土保持弹性景观功能 E 的水土保持功能、生态保护功能、生态生产功能,每项功能均有多个定量化、定性化、半定量定性化的指标可以进行直接计算、间接计算和定性表征;本研究利用 E 模型及附属方程群计算水土保持功能 SW、生态保护功能 EP、生态生产功能 NPP 时,通过出山店水库研究区水土保持生态系统服务价值计算和生态脆弱性评价分析遴选出易于量化、计算数据有来源、代表性强、计算方法易操作的指标因子进行计算;同时,根据出山店水库研究区土地利用动态演变分析和 33 个水土保持弹性景观单元景观要素景观特征计算分析结果,对每个景观单元内耕地、林地、草地、水域水土保持弹性景观要素面积分布格局设定最大与最小约束条件,利用 Matlab 软件写入程序进行优化运行计算求得最大值与最小值是一种理想化的状态,土壤侵蚀、生态生产、生态保护均是复杂的系统,影响因素众多,研究建立水土保持弹性景观功能 E 模型和指标体系与因子筛选还有很大的研究空间。

10.3　生态脆弱性及景观特征与水土保持弹性景观功能

10.3.1　生态脆弱性与水土保持弹性景观功能

出山店水库研究区生态系统主要由森林、灌丛、草地、农田、河流、村镇等生态系统类型组成。森林生态系统主要分布在水库区西侧的低山或丘陵上,以马尾松、麻栎、栓皮栎等构成的针阔混交林为主,属于环境资源拼块,面积较小,连通程度不高,但对水库区西部环境质量有较强的动态控制功能。灌丛草地生态系统主要分布于水库周边的丘陵和坡地上,属于森林生态系统和农田生态系统的过渡地带,是森林被破坏后逆向演替而成的生态系统类型,以禾本科、莎草科、菊科、百合科等植物为主,伴生有胡枝子、连翘、荆条等灌木种类,属环境资源拼块,连通程度较高,对防止丘陵区水土流失具有重要作用,对水库区环境质量有一定的动态控制功能。农田生态系统广泛分布于水库区中部和东北部地区,是面积最大的生态系统类型,连通度高,对水库区环境质量具有重要的动态控制功能。河流生态系统包括淮河干流及其多条支流,由于偶尔断流以及采砂的影响,水生生物种类比较贫乏。村镇生态系统零散分布于水库区域内,河流两侧比较集中,是人造拼块类型,自然生产能力和物理稳定性较低。

出山店水库研究区 32 个景观单元水土保持弹性景观功能 E 值阈限为 0 ~ 5、平均值为 2.5,现状 E 最大值为 22 单元 4.005、最小值为 1 单元 2.943,均超过平均值 2.5,说明研究区整体生态环境良好,水土保持景观功能 E 现状值未达到最大值,说明还应继续加强生态保护。出山店水库研究区 32 个景观单元生态脆弱性指数标准化 S_{EVI} 最大值为 9 单元 10.000、最小值为 28 单元 1.500,说明研究区生态脆弱性空间分布特征明显,自西向东、自上游向下游生态脆弱性总体呈增强趋势,形成近库沿岸地区生态脆弱性高、远库地区生态脆弱性低的格局。水土保持弹性景观功能 E 值和生态脆弱性指数标准化 S_{EVI} 值的大小反映区域生态环境优良状况,由于两值计算公式、指标与因子均不相同,结果表征不同,E 值越大、生态环境越优良、生态脆弱性越低,S_{EVI} 值越大、生态环境越脆弱、生态环境越恶劣。

为直观进行景观单元水土保持弹性景观功能与生态脆弱性对应关系分析,分别对 E 值与其平均值 2.5 的差值、S_{EVI} 值负对数 lg 值进行数值处理。$E - 2.5$ 值越大,生态环境越优良,生态脆弱性越低;$-\lg S_{EVI}$ 值越大,生态脆弱性越低,生态环境越优良,结果见图 10-17。

由图 10-17 可以看出,出山店水库研究区 32 个景观单元水土保持弹性景观功能 $E -$ 2.5 值与生态脆弱性指标数标准化 $-\lg S_{EVI}$ 值变化趋势总体上呈一致性对应关系,说明景

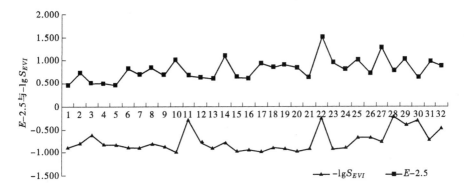

图 10-17　景观单元水土保持弹性景观功能与生态脆弱性关系

观单元水土保持弹性景观功能越大,生态脆弱性越低,区域生态环境越优良;通过分析计算区域水土保持弹性景观功能 E 值,可作为区域生态脆弱性程度评价的参考指标,且将更有利于水土流失防治和生态保护。

以出山店水库研究区划分的 32 个景观单元为例,利用模型方程和构建的指标体系与因子,通过水土保持弹性景观功能 E 值和生态脆弱性指数标准化 S_{EVI} 值计算分析,结果表明二者在判别区域生态环境优良状况结果上总体呈一致性对应关系,利用水土保持弹性景观功能 E 值作为区域生态脆弱性程度评价参考指标将更有利于水土流失防治和生态保护。

10.3.2　景观异质性与水土保持弹性景观功能

通过计算,出山店水库研究区以及研究区划分的 32 个景观单元(不含库区水面景观单元)景观要素与异质性特征指数 A_l、PA、PD、PD_i、D_i 和水土保持弹性景观功能 E 值,计算分析结果见表 10-42、表 10-43 和图 10-18。

表 10-42　出山店水库研究区景观异质性特征指标与水土保持弹性景观功能计算结果

景观要素	图斑(个)	面积(hm²)	要素面积占比	类斑平均面积(hm²)	斑块分维数	要素斑块密度(个/hm²)	优势度	E
耕地	2 111	38 574.73	0.402 6	18.27	1.60	0.05	15.08	1.608
林地	2 917	34 696.11	0.362 1	11.89	1.58	0.08	9.32	1.446
草地	605	1 770.42	0.018 5	2.93	1.59	0.34	2.99	0.074
水域	6 967	12 538.65	0.130 9	1.8	1.57	0.56	1.09	0.523
建设用地	3 491	7 078.28	0.073 9	2.03	1.62	0.49	1.04	0.295
未利用地	595	1 151.21	0.012 0	1.93	1.59	0.52	0.31	0.048
合计	16 686	95 809.41	1.000 0	5.74	1.62			3.994

表 10-43　出山店水库研究区景观单元景观斑块密度与水土保持弹性景观功能计算结果

景观单元	图斑（个）	面积(hm²)	景观斑块密度（个/hm²）	E	$E-2.5$
1	210	632.92	0.332	2.943	0.443
2	131	366.60	0.357	2.954	0.454
3	222	498.46	0.445	3.006	0.506
4	125	838.03	0.149	3.013	0.513
5	115	292.43	0.393	3.103	0.603
6	425	1 610.10	0.264	3.103	0.603
7	53	259.59	0.204	3.116	0.616
8	53	165.29	0.321	3.121	0.621
9	145	796.87	0.182	3.135	0.635
10	46	205.95	0.223	3.149	0.649
11	108	481.60	0.224	3.164	0.664
12	162	605.94	0.267	3.169	0.669
13	323	753.54	0.429	3.188	0.688
14	304	927.97	0.328	3.196	0.696
15	223	948.81	0.235	3.224	0.724
16	37	123.78	0.299	3.246	0.746
17	407	910.02	0.447	3.283	0.783
18	427	1 802.47	0.237	3.311	0.811
19	318	1 213.80	0.262	3.328	0.828
20	565	3 256.74	0.173	3.337	0.837
21	159	814.30	0.195	3.344	0.844
22	386	593.57	0.650	3.374	0.874
23	543	1 984.00	0.274	3.398	0.898
24	340	1 557.31	0.218	3.428	0.928
25	341	966.71	0.353	3.452	0.952
26	594	1 460.86	0.407	3.452	0.952
27	558	2 866.84	0.195	3.522	1.022
28	1 304	8 610.91	0.151	3.523	1.023
29	391	1 098.61	0.356	3.532	1.032
30	1 236	9 869.64	0.125	3.59	1.09
31	1 262	7 937.84	0.159	3.793	1.293
32	5 171	33 197.02	0.156	4.005	1.505

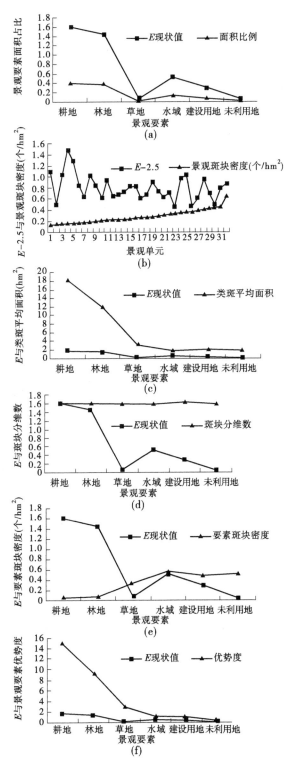

图 10-18　出山店水库研究区景观异质性与水土保持弹性景观功能关系分析

由图 10-18 可以看出,出山店水库研究区耕地、林地、草地、水域、建设用地、未利用地景观要素水土保持弹性景观功能 E 现状值与景观要素面积的比值、景观斑块密度、景观要素斑块密度、景观要素优势度呈明显相关关系,与景观要素斑块分维数相关关系不明显;景观要素面积比例越大、景观斑块密度越小、类斑平均面积越大、景观要素优势度越大,E 现状值越大;说明水土保持弹性景观功能大小受景观要素及异质性特征影响,景观生态系统受外界干扰越小、景观越稳定、景观要素优势度越显著,水土保持弹性功能越大,区域水土流失越轻微、生态环境越优良。

以出山店水库研究区为对象,基于 GIS 景观单元划分、景观要素统计,通过景观要素及异质性特征指标计算和水土保持弹性景观功能对应变化趋势分析,水土保持弹性景观功能大小与景观要素及异质性特征具有明显相关关系,受外界干扰越小、越稳定、优势度越显著的景观单元的水土保持弹性功能越大,水土流失越轻微、生态环境越优良。

10.4　小　结

水土保持弹性景观功能 E 模型阈值为 0~5,E 值越大,说明研究区土壤侵蚀越轻微、生态环境越优良、生态生产功能越大;水土保持防治土壤流失功能以土壤侵蚀模数负值表征,土壤侵蚀模数越大、土壤流失越严重、水土保持防治土壤流失功能越小;E 值与生态保护功能、生态生产功能呈正相关关系,与土壤侵蚀模数(防治土壤流失功能负值)呈负相关关系。出山店水库研究区水土保持弹性景观功能 E 最大值、最小值分别为 4.162、2.505,现状值为 3.994,均超过 E 阈限平均值 2.5,说明出山店水库研究区水土流失相对轻微、生态环境良好、生态生产功能较大,水土保持景观功能现状值还未达到最大值,说明研究区局部生态保护、防治水土流失还存在继续实施的空间。

利用模型方程和构建的指标体系与因子,通过水土保持弹性景观功能 E 值和生态脆弱性指数标准化 S_{EVI} 值计算分析,结果表明二者在判别区域生态环境优良状况结果上总体呈一致性对应关系,利用水土保持弹性景观功能 E 值作为区域生态脆弱性程度评价参考指标将更有利于水土流失防治和生态保护。以基于 GIS 景观单元划分、景观要素统计,通过景观要素及异质性特征指标计算和水土保持弹性景观功能对应变化趋势分析,水土保持弹性景观功能大小与景观要素及异质性特征具有明显相关关系,受外界干扰越小、越稳定、优势度越显著的景观单元的水土保持弹性功能越大,水土流失越轻微、生态环境越优良。

第 11 章 结论与讨论

11.1 结 论

坚持人与自然和谐共生,建设生态文明是中华民族永续发展的千年大计,是党的十九大提出的新时代中国特色社会主义思想和基本方略之一。出山店水库是国务院确定的172 项重大水利项目之一,是历次治淮规划确定在淮河干流上游修建的唯一一座大(Ⅰ)型水库,是目前河南省投资最大的单项水利工程、唯一一座大(Ⅰ)型水库,是以防洪为主,结合灌溉、供水、兼顾发电等综合利用的大型水利枢纽工程,控制流域面积 2 900 km²,总库容 12.51 × 10⁸ m³,水库运行后可保护下游 170 万人口和 220 万亩耕地,每年向信阳市城市供水超 8 000 × 10⁴ m³,灌溉两岸 50 余万亩耕地,平均每年发电超 750 × 10⁴ kW·h,年均减灾效益 4.3 亿元,水资源直接效益 2 亿元。

水土流失与生态环境是水库建设和运行需要研究和解决的两方面问题,水土保持与景观功能两者之间又有紧密而复杂的关系,而对水库水土保持弹性景观功能的研究鲜见。以出山店水库对象,以水土保持和生态景观为切入点,以弹性景观功能为核心目标,运用水土保持学、景观生态学等学科理论方法,充分利用出山店水库建设翔实的基础资料、水土保持与生态环境等成果资料,引入弹性景观概念,通过文献查阅分析归纳提出水土保持弹性景观基本概念、建立水土保持弹性景观功能基本理论;基于"3S"技术、DEM 等基础数据信息及现场调查,对出山店水库研究区水土保持弹性景观单元进行划分并获取景观要素数据信息;通过土地利用动态演变分析、生态脆弱性评价、水土保持生态系统服务功能计算、水土保持弹性景观单元内景观要素景观特征计算分析,构建弹性功能指标体系与筛选因子,运用景观生态学静态研究理论思想和中性模型原理建立弹性模型对出山店水库水土保持弹性景观功能进行计算分析,为后期水库水土流失防治与生态保护构建弹性景观最优结构奠定基础,为保障水库区域生态环境良性发展和安全运行、充分发挥水库经济效益、生态效益和社会效益提供技术支撑,对水土保持研究领域拓展具有重要意义。

主要结论如下:

(1)提出水土保持弹性景观概念,确定研究区水土保持弹性景观要素主要由耕地、林地、草地、水域建设用地、未利用地组成;提出水土保持弹性景观功能概念,确定研究主要对水土保持弹性景观要素的水土保持功能、生态保护功能、生态生产功能进行计算分析;提出水土保持弹性景观功能基本理论内涵:在水土流失发生发展自然封闭范围内,由不同类型具有防治水资源与土资源损失的水土保持基本功能的工程、耕地、林草、水域等具有弹性功能的基本景观要素构成水土保持弹性景观;在受到土壤侵蚀自然外营力及人为活动干扰破坏时,水土保持景观功能随干扰破坏程度增大发挥到最大弹性阈值;当干扰破坏超过水土保持景观系统最大稳定程度时其景观功能完全丧失;当干扰破坏结束后,水土保持景观能恢复到原有状态时的最小弹性阈值。水土保持弹性景观功能与区域水土流失类型、侵蚀程度、水土流失影响因子有关,与水土保持弹性景观要素空间格局、斑块、异质性等基本特征有关。

(2)出山店水库研究区总面积 95 809.41 hm²,研究基于 ArcGIS 技术支持、利用 DEM 数据,以出山店水库 20 年一遇 92 m 水位为库区范围、以入库区及淮河干流自然流域面积大于 5 km² 的自然封闭小流域及小流域片为单元,共划分为 33 个水土保持弹性景观单元(包括库区单元)。以水土保持弹性景观单元为单元,以耕地、林地、草地、建设用地、水域和未利用地六类地土地覆被特征为景观要素,利用 GF-2 遥感影像、DEM 数据、景观单元图镶嵌套合,基于“3S”人机交互解译及现场调查验证解译景观要素信息,共获得景观要素图斑 16 686 个、图斑总面积 95 809.41 hm²,其中耕地图斑 2 111 个、面积 38 574.73 hm²,林地图斑 2 917 个、面积 34 696.11 hm²,草地图斑 605 个、面积 1 770.42 hm²,水域图斑 6 967 个、面积 12 538.65 hm²,建设用地图斑 3 491 个、面积 7 078.28 hm²,未利用地图斑 595 个、面积 1 151.21 hm²;分析统计每类景观要素图斑周长、最大最小图斑周长、最大最小图斑面积等数据信息。

(3)通过构建 Markov 转移矩阵、单一型动态度模型、综合型动态度模型,基于高程、坡度、坡向地形分异特征的土地利用类型分布变化分析,以及土地利用结构变化幅度、变化速度分析,单一型动态度、综合型动态度计算分析,出山店水库研究区土地利用 2000～2018 年动态演变结果:2000～2015 年各土地利用类型总面积变化较小;2015～2018 年水域与建设用地土地 R_1 较大,耕地面积基数大而 R_1 相对较小,耕地土地利用结构变化幅度较大。2000～2005 年各土地利用类型之间的转化很小;2005～2015 年耕地、林地、草地、建设用地转入与转出均较明显,空间动态比较剧烈,水域空间动态较小;2015～2018 年土地利用类型空间动态均比较剧烈,水域与建设用地空间动态尤为剧烈。2000～2005 年 LC 值极小;在 2005～2010 年 LC 为 3.578 8%,2010～2015 年 LC 为 3.709 9%,2015～2018 年 LC 为 6.575 5%;2015～2018 年土地利用变化剧烈程度高于 2005～2015 年变化程度。

(4)从生态敏感性、生态恢复力和生态压力度 3 个层面选取 17 个指标构建出山店水库研究区生态脆弱性评价指标体系,确定 6 个主成分对生态脆弱性指数(EVI)计算及标准化 S_i 处理和生态脆弱性等级划分。出山店水库研究区生态脆弱性空间分布特征明显,总体呈现西北生态脆弱性高、东南生态脆弱性低的格局;极度脆弱主要集中在以库区周边局部区域,重度脆弱主要在库区北部、东北部地区,中度脆弱广泛分布于库区西部,轻度脆弱主要分布于西南部,微度脆弱集中于南部等地区。出山店水库研究区生态脆弱性显著增加区域多为重度和极度脆弱生态类型,生态脆弱性显著降低区域多属微度脆弱生态类型,表明出山店水库研究区生态脆弱性呈现高脆弱性地区脆弱性增强、低度脆弱性地区脆弱性减弱的两极化趋势。

(5)水土保持生态系统服务功能主要计算林地生态系统、草地生态系统、耕地生态系统和水域生态系统服务功能价值,林地、草地、耕地水土保持生态系统服务功能主要计算涵养水源、土壤保持价值;水域生态系统服务功能主要计算调蓄洪水、水资源蓄积价值。经计算,出山店水库水土保持生态系统服务功能计算总面积 79 390.32 hm²,其中林地、草地、耕地、水域面积分别为 34 696.11 hm²、1 770.42 hm²、38 574.73 hm²、4 349.06 hm²、水土保持生态系统服务功能总价值28 151.56万元,平均生态系统服务功能价值0.355万元/hm²,其中林地、草地、耕地、水域价值分别为18 749.26万元、545.40万元、3 174.85万元、5 682.05万元,价值平均值分别为 0.540 万元/hm²、0.308 万元/hm²、0.082万元/hm²、1.310万元/hm²;出山店水库研究区总面积95 809.41 hm²、水土保持生态系统服务功能价值平均值为0.294 万元/hm²。

(6)基于 ArcGIS 技术支持、利用 DEM 数据和 2018 年 2m 分辨率 GF - 2 真彩色融合遥感影像,将山店水库研究区共划分了 33 个水土保持弹性景观单元、总面积 95 809.41 hm²,各类景观要素总图斑 16 686 个、总面积 95 809.41 hm²。景观斑块密度 17 个/km²,其中库区左岸 17 个/km²、库区右岸 20 个/km²,库区右岸景观要素斑块破碎度较库区左岸高;耕地景观要素斑块密度最小,水域景观要素斑块密度最大,耕地集中连片程度高、水域点状分布散度最高。景观要素类斑平均面积 5.74 km²/个,库区左岸平均 5.72 km²/个,库区右岸平均 5.04 km²/个。库区左岸景观要素斑块平均面积规模大于库区右岸,耕地景观要素斑块平均面积规模最大,水域景观要素斑块平均面积规模最小。除库区外景观单元中,耕地、林地、草地、水域、建设用地、未利用地景观要素最大图斑面积分别为4 650.79 hm²、4 027.58 hm²、96.72 hm²、8 189.59 hm²、189.01 hm²、193.53 hm²,最小景观要素图斑面积为 0.02 hm²,说明景观要素斑块规模变化很大,受干扰程度较大。除库区外,耕地、林地、草地、水域、建设用地、未利用地景观要素类斑形状指数分别为 106.14、81.73、37.78、59.18、75.10、34.29,景观要素斑块分维数分别为 1.60、1.58、1.59、1.57、1.62、1.59,均大于 1,景观要素斑块形状比较复杂,其中耕地景观要素斑块形状复杂程度最大,未利用地景观要素斑块形状复杂程度最小。景观要素类斑香农多样性指数平均0.12,多样性指数平均0.05,均匀度平均0.03,景观要素多样性和均匀度较低。耕地、林地、草地、水域、建设用地、未利用地景观要素优势度分别为 15.08、9.32、2.99、1.09、1.04、0.31,库区左岸分别为 15.17、9.23、2.99、1.06、1.07、0.33,库区右岸分别为 15.07、9.40、3.00、1.05、1.03、0.31;景观要素优势度明显,最大为耕地 15.08,其次为林地 9.32,最小为未利用地0.31。

(7)水土保持弹性景观功能 E 模型阈值为 0 ~ 5,E 值越大说明研究区域土壤侵蚀越轻微、生态环境越优良、生态生产功能越大;水土保持防治土壤流失功能以土壤侵蚀模数负值表征,土壤侵蚀模数越大、土壤流失越严重、水土保持防治土壤流失功能越小;E 值与生态保护功能、生态生产功能呈正相关关系,与土壤侵蚀模数(防治土壤流失功能负值)呈负相关关系。出山店水库研究区水土保持弹性景观功能 E 最大值、最小值分别为4.162、2.505,现状值为3.994,均超过 E 阈限平均值2.5,说明出山店水库研究区水土流失相对轻微、生态环境良好、生态生产功能较大,水土保持景观功能现状值还未达到最大值,说明研究区局部生态保护、防治水土流失还存在继续实施的空间。库区左岸水土保持弹性景观功能 E 最大值、最小值分别为4.040、2.053,现状值为3.722;库区右岸 E 最大值、最小值分别为4.166、2.384,现状值为4.047;库区右岸 E 值均大于库区左岸,说明库区右岸区域水土流失程度轻于左岸、生态脆弱性小于左岸。出山店水库研究区 33 个水土保持弹性景观单元 E 最大值中的最大值为4.094、最小值为3.321,分别为第28 号单元和第22 号单元,最大值比最小值大 23.28%;E 最小值中的最大值为2.320、最小值为

1.126,分别为第22号单元和第13号单元,最大值比最小值大106.04%;33个单元中 E 最大值为4.094、最小值为1.126,最大值比最小值大263.59%,最小值小于 E 阈值平均值2.5,说明出山店水库研究区还存在局部水土流失严重、生态环境恶劣区域,还需加强水土流失防治和生态治理与保护。

利用模型方程和构建的指标体系与因子,通过水土保持弹性景观功能 E 值和生态脆弱性指数标准化 S_{EVI} 值计算分析,结果表明二者在判别区域生态环境优良状况结果上总体呈一致性对应关系,利用水土保持弹性景观功能 E 值作为区域生态脆弱性程度评价参考指标将更有利于水土流失防治和生态保护。以基于 GIS 景观单元划分、景观要素统计,通过景观要素及异质性特征指标计算和水土保持弹性景观功能对应变化趋势分析,水土保持弹性景观功能大小与景观要素及异质性特征具有明显相关关系,受外界干扰越小、越稳定、优势度越显著的景观单元的水土保持弹性功能越大,水土流失越轻微、生态环境越优良。

11.2　讨　论

构成水土保持弹性景观功能 E 的水土保持功能、生态保护功能、生态生产功能,每项功能均有多个定量化、定性化、半定量定性化的指标可以进行直接计算、间接计算和定性表征;研究利用 E 模型及附属方程群计算水土保持功能 SW、生态保护功能 EP、生态生产功能 NPP 时,通过出山店水库研究区水土保持生态系统服务价值计算和生态脆弱性评价分析遴选出易于量化、计算数据有来源、代表性强、计算方法易操作的指标因子进行计算,下一步可选择更多指标因子进行水土保持弹性景观功能计算分析与评价。

通过土地利用动态演变分析和水土保持弹性景观要素景观特征计算分析,对耕地、林地、草地、水域在水土保持弹性景观单元中面积分布格局设定最大值与最小值约束条件,利用 Matlab 软件程序计算求得最大值与最小值是一种理想化的状态,土壤侵蚀、生态生产、生态保护均是复杂的系统,影响因素众多,研究构建的水土保持弹性景观功能 E 模型和指标体系与筛选的因子还有很大的研究空间。

参 考 文 献

[1]秦佳伟.中小型水库工程生态环境效益的研究[J].建材与装饰,2017(10):279-280.

[2]齐悦.大型水库生态效应研究——以白石水库为例[D].长春:吉林大学,2011.

[3]徐琳瑜,杨志峰,帅磊,等.基于生态服务功能价值的水库工程生态补偿研究[J].中国人口·资源与环境,2006(4):125-128.

[4]贾建辉,陈建耀,龙晓君.水电开发对河流生态环境影响及对策的研究进展[J].华北水利水电大学学报(自然科学版),2019,40(2):62-69.

[5]安婷,朱庆平.青海湖"健康"评价及保护对策[J].华北水利水电大学学报(自然科学版),2018,39(5):66-72.

[6]吴森,陈昂.水库大坝工程生态流量评估的分类管理方法研究[J].华北水利水电大学学报(自然科学版),2019,40(3):54-64.

[7]马铁民,曾容,徐菲.辽河流域典型水库生态效应评价[J].东北水利水电,2008(10):37-40,72.

[8]龚新,胡西红.四方井水库建设主要生态环境影响及其保护措施[J].安徽农业科学,2017,45(32):54-56.

[9]吴王燕,李冬晓,郭坚,等.华东地区抽水蓄能电站建设的生态保护对策——以安徽金寨抽水蓄能电站为例[J].环境与发展,2017,29(8):180-181.

[10]李博.考虑生态目标的大伙房水库引水与供水联合调度研究[J].水利规划与设计,2017(12):21-23.

[11]赵元卜,齐苑儒.红岩河水库工程对生态环境的影响分析[J].陕西水利,2016(5):83-85.

[12]张朝胜.生态工程原理在水库工程环境问题中的应用[J].河南水利与南水北调,2013(2):63-64.

[13]黄海真,王娜,姚同山.河口村水库工程生态环境影响研究[J].人民黄河,2012,34(6):73-75.

[14]陈文婧.新疆水库工程景观生态系统功能与结构研究[D].乌鲁木齐:新疆农业大学,2007.

[15]Yutaka Takahasi. Water Resource Development and the Environment in Japan[J]. International Journal of Water Resources Development,1997,13(2):279-285.

[16]崔晓鹤.基于水环境保护的水库型水利风景区规划研究[D].福州:福建农林大学,2014.

[17]Joji Harada. Conservation and Improvement of the Natural Environment in Reservoir Watersheds in Japan[J]. International Journal of Water Resources Development,2002,18(4):595-610.

[18]Hijos F. Dams and environment:a Spanish perspective[J]. the International Journal on Hydroower & Dams,2006,13(3):82-85.

[19]申玲,王俊,胡庭兴,等.南部县升钟水库库区景观格局现状分析与评价[J].四川林业科技,2009,30(6):82-86.

[20]王宪礼,肖笃宁,布仁仓,等.辽河三角洲湿地的景观格局分析[J].生态学报,1997,17(3):317-323.

[21]李哈滨.景观生态学——生态学领域的新概念构架[J].生态学进展,1988,5(1):23-33.

[22]彭茹燕,王让会,孙宝生.基于 NOAA/AVHRR 数据的景观格局分析——以塔里木河干流区域为例[J].遥感技术与应用,2001,16(1):28-31.

[23]邬建国.景观生态学——格局、过程、尺度与等级[M].北京:高等教育出版社,2000.

[24]布仁仓,王宪礼,肖笃宁.黄河三角洲景观组分判定与景观破碎化分析[J].应用生态学报,1999,10

（3）:321-324.

[25] 葛燕,梁文流. 复合生态型水库景观规划设计要素的思考[J]. 广东水利电力职业技术学院学报,
2010,8(1):15-17.

[26] 周科,周振民. 河南登封隐士湖水库景观规划设计[J]. 中国农村水利水电,2011(9):27-29.

[27] 杜河清,彭瑜,张鹏,等. 余家庄水库开发保护与利用研究[J]. 中国农村水利水电,2010(12):81-82,
88.

[28] 申玮,周新超. 城镇水体景观休闲娱乐的功能研究[J]. 中国农村水利水电,2008(4):74-76.

[29] 谢祥财,王忠静,徐枫,等. 基于水土保持与景观营建相结合的水利风景区规划方法探讨——以安徽
茨淮新河为例[J]. 中国农村水利水电,2011(4):69-70,74.

[30] 王世岩,刘畅,杨素珍. 基于多源遥感数据的西霞院水库建设前后生态景观变化分析[J]. 水利水电
技术,2011,42(11):22-25.

[31] A. Botequiha – Leitao,A hem I. Applying landscape ecological concepts and metrics in sustainable land-
scape planning[J]. Landscape and Urban Planning,2002,59:65-93.

[32] Rbert T, WILLIAM D. Managing Land Use and Land-cover Change:The New Jersey Pinelands Bio-
sphere Reserve[J]. Annals of the Associations of Am-arcan,1999,89(2):220-237.

[33] 高晓岚,汪小钦. 多源遥感数据在植被识别和提取中的应用[J]. 资源科学,2008,30(1):154-157.

[34] 刘梦云,李宝宏,王锐. 基于 RS 和 GIS 的小型城市土地利用动态分析——以杨凌示范区为例[J].
水土保持通报,2007,27(1):34-38.

[35] 索安宁,巨天珍,熊友才,等. 泾河流域土地利用区域分异与驱动力的关系[J]. 中国水土保持科学,
2006,4(6):75-80.

[36] 吴淼,陈昂. 水库大坝工程生态流量评估的分类管理方法研究[J]. 华北水利水电大学学报(自然科
学版),2019(3):54-64.

[37] Grantham, Theodore E, Viers, et al. Systematic Screening of Dams for Environmental Flow Assessment
and Implementation[J]. Bioscience,2014,64(11).

[38] 梁婧. 基于复合生态理论的古蔺县水口镇青云湖水库景观规划设计[D]. 成都:四川农业大学,
2015.

[39] 刘志强,洪亘伟. 水库保护与综合利用的景观规划对策研究[J]. 四川建筑科学研究,2009,35(1):
234-237.

[40] 胡向红,刘正刚. 利用水库资源创建生态景观[J]. 中国水利,2003(7):76-77.

[41] 龚斌. 大尺度建筑及工程景观化设计初探——三峡水利枢纽主体工程设计[D]. 武汉:华中科技大
学,2006.

[42] 刘翔,邹志荣. 园林景观空间尺度的视觉性量化控制[J]. 安徽农业科学,2008,36(7):2757-2758,
2761.

[43] 王松. 水库型水利风景区景观规划研究[D]. 福州:福建农林大学,2011.

[44] 吴昌松. 中小型水库工程水土保持措施配置研究——以南部县范家沟水库工程为例[D]. 成都:四
川农业大学,2016.

[45] Ted L. Napier. Soil and water conservation behaviors within the upper Mississippi River Basin[J]. Journal
of Soil &Water Conservation,2001,56(4):279-285.

[46] 陈强. 景观设计在水库工程水土保持设计中的应用——以黑龙江省诺敏河阁山水库为例[J]. 黑龙
江水利科技,2017,45(9):172-173.

[47] 冯朝红,张鹏文. 水库工程水土保持治理措施研究——以西乌盖沟供水灌溉综合利用水库工程设计
方案为例[J]. 安徽农业科学,2015,43(30):335-336,350.

[48]陈灼秀.水库工程水土保持措施设计的探讨——以永安市溪源水库工程水土保持措施设计为例 [J].亚热带水土保持,2015,27(4):56-59.

[49]李丹.桃源水库工程水土保持防治措施[J].黑龙江水利,2016,2(9):86-88.

[50]王福.拟建石灰窑水库工程水土保持防治措施预期效果评价[J].农业科技与信息,2017(10):52-53.

[51]张陆军,苏翔,周航.平原河网地区水库工程水土保持设计探讨[J].水利规划与设计,2016(8):130-132.

[52]宁杨.水库工程水土保持分析及措施设计[J].河南水利与南水北调,2014(13):30-31.

[53]李莎,罗代明.台江县空寨水库工程水土流失分析及治理措施设计[J].水利科技与经济,2014,20(2):86-87,93.

[54]肖广金.麦海因水库工程水土保持措施分析[J].水科学与工程技术,2016(2):14-16.

[55]陈龙.荔波县尧柳水库工程水土保持方案设计分析[J].浙江水利水电学院学报,2014,26(4):40-43.

[56]徐小松,刘勇.从贵州省普定县猫洞河水库工程水土保持设计浅析小型水库工程的水保防治[J].珠江水运,2013(6):74-75.

[57]王栋,贾俊霞,王焕鹏,等.滨海水库水土保持工程措施应用与探讨[J].山东水利科技论坛,2006,(11):397-400.

[58]蒋懿.白石水库区水土保持生态服务功能价值估算研究[J].水利规划与设计,2018(4):103-107.

[59]尼尔.G.科克伍德,刘晓明,何璐.弹性景观——未来风景园林实践的走向[J].中国园林,2010,26(7):10-14.

[60]夏臻,刘小钊,吕龙.基于弹性景观理念的江心洲岛规划设计研究——以南京新济洲为例[J].中外建筑,2015(2):92-93.

[61]冯璐,王春晓,姚子刚.弹性景观基础设施理论初探[J].建筑与文化,2017(10):147-148.

[62]冯璐.弹性城市视角下的风暴潮适应性景观基础设施研究[D].北京:北京林业大学,2015.

[63]陶旭.生态弹性城市视角下的洪涝适应性景观研究——以武汉湖泊为例[D].武汉:武汉大学,2017.

[64]Floke C Resilience:The emergence of a perspective for social-ecological systems analyse[J].Global Environment Change,2006,16(3):253-267.

[65]Boyd E,Oshahr H,Ericksen P,et al. Resilence and 'climatizing' development: examples and policy implications[J]. Development,2008,51(3):390-396.

[66]Ernstson, Henrik,van der Leeuw, et al. Urban Transitions: On Urban Resilience and Human-Dominated Ecosystems[J]. Ambio,2010,39(8):531-545.

[67]McDaniels T Chang S Cole D,et al. Fostering resilience to extreme events within infrastructure systems: Characterizing decision contexts for mitigation and adaptation[J]. Global Environmental Change, 2008, 18(2): 310-318.

[68]胡中慧.基于弹性理念的苏南乡村景观规划策略研究[D].苏州:苏州科技大学, 2017.

[69]Kithiia J. Climate change risk responses in East African cities: need, barriers and opportunities[J]. Current Opinion in Environmental Sustainability,2011,3(3):176-180.

[70]Gilberto C. Gallopin. Linkages between vulnerability, resilience, and adaptive capacity[J]. Global Environmental Change,2006,16(3):293-303.

[71]陈诗雨.西南地区水弹性城市绿地景观设计研究[D].重庆:重庆大学,2016.

[72]罗淞雅.社区弹性景观规划与设计的探讨[J].南方农机,2017,48(18): 132.

[73]黄霜雪,郦伟.惠州市两江四岸弹性景观设计的模式与方法研究[J].惠州学院学报,2016,36(6):80-85.

[74]段亚丽.弹性设计理念指导下的郑州市树木园景观规划[D].郑州:河南农业大学,2014.

[75]李函润.基于海绵城市理论下的住宅小区"慢回弹"景观设计初探——以昆明长水航城住宅小区为例[D].四川:四川农业大学,2016.

[76]张丽娜,魏亮亮,常晓菲.城市闲置用地弹性景观设计初探——以昆山市银杏公园为例[J].中国园艺文摘,2016,32(11):136-137,146.

[77]李哲惠,魏雯,张英.湿地景观的弹性修复研究——以滇池东岸湿地斑块设计为例[J].价值工程,2016,35(20):181-184.

[78]王曼.基于弹性理念的城市滨水景观设计研究——以武汉市巡司河为例[D].湖北.湖北工业大学,2017.

[79]魏婷.弹性设计理念在后工业景观设计中的应用——以金厂峪金矿旧厂区景观规划与设计为例[D].西安:西安美术学院,2015.

[80]袁磊.基于弹性思维视角的城市滨水景观设计策略研究——以衡阳市耒水以北风光带设计为例[D].武汉:华中科技大学,2016.

[81]廖柳文,秦建新.城镇化进程中的区域生态弹性研究——以湖南省为例[C]//全国土地资源开发整治与新型城镇化建设学术研讨会,2015:300-306.

[82]Knapp A K,Smith M D. Variation Among Biomes in Temporal Dynamics of Aboveground Primary Production[J]. Science,2001,29101(5503):481-484.

[83]I. R. Geijzendorffer,P. K. Roche. The relevant scales of ecosystem services demand[J]. Ecosystem Services,2014,10:49-51.

[84]Kreuter U P, Harris H G, Matlock M D,et al. Change in ecosystem service values in the San Antonio area, Texas[J]. Ecological Economics,2001,39(3):333-346.

[85]Aschonitis V G, Gaglio M,Castaldelli G, et al. Criticism on elasticity-sensitivity coefficient for assessing the robustness and sensitivity of ecosystem services values[J]. Ecosystem Services,2016,20:66-68.

[86]Whitford V, Ennos A R, Handley J F. "City From and Natural Process"—Indicators for The Ecological Performance of Urban Areas and Their Application to Merseysid, UK[J]. Landscape and Urban Planning, 2001,57(1): 91-103.

[87]傅伯杰,陈利顶,马克明,等.景观生态学原理及应用[M].北京:科学出版社,2001.

[88]刘丹,华晨.弹性概念的演化及对城市规划创新的启示[J].城市发展研究,2014,21(11):111-117.

[89]王云霞,陆兆华.北京市生态弹性力的评价[J].东北林业大学学报,2011,39(2):97-100.

[90]Maite Cabeza Gutes. The concept of weak sustainability[J]. Ecological Economics, 1996, 17(3):147-156.

[91]孙意菲,孙意翔.基于模糊物元的三江平原沼泽湿地生态弹性度空间分析[J].黑龙江水利科技,2011,39(4):23-25.

[92]牛海东,胡向红,赵衡,等.白杨河镇水库水土保持生态景观规划理念与实践[J].水利规划与设计,2017(9):20-22.

[93]张萍.基于GIS的东圳库区水源地景观格局与水土流失特征研究[D].福州:福建师范大学,2007.

[94]Keane R E, Parsons R A, Hessburg P F. Estimating historical range and variation of landscape patch dynamics: limitations of the simulation approach[J]. Ecological Modelling,2002,151(1):29-49.

[95]Radif A A. Integrated water resources management (IWRM): An approach to face the challenges of the next century and to avert future crises[J]. Desalination, 1999, 124(1): 145-153.

[96]Kosmas C,Danalatos N,Cammeraat L H,et al. The effect of land use on runoff and soil erosion rates under Mediterranean conditions[J]. Catena,1997,29(1):45-59.

[97]陈 强.景观设计在水库工程水土保持设计中的应用——以黑龙江省诺敏河阁山水库为例[J].黑龙江水利科技,2017,45(9):172-173.

[98]张立强,姜楠,戴鹏礼.刘湾水库水土保持生态景观设计[J].河南水利与南水北调,2014(5):29-30.

[99]王彦阁.密云水库流域土地利用时空变化及景观恢复保护区划[D].北京:中国林业科学研究院,2010.

[100]García-Frapolli E,Ayala-Orozco B,Bonilla-Moheno M,et al. Biodiversity conservation,traditional agriculture and ecotourism:Land cover/land use change projections for a natural protected area in the northeastern Yucatan Peninsula,Mexico[J]. Landscape and Urban Planning,2007,83(2):137-153.

[101]Geymen A,Baz I. Monitoring urban growth and detecting land-cover changes on the Istanbul metropolitan area[J]. Environmental Monitoring and Assessment,2008,136(1-3):449-459.

[102]Alejandro F S,Miguel M R,Omar R M. Assessing implications of land-use and land-cover change dynamics for conservation of a highly diverse tropical rain forest[J]. Biological Conservation,2007,138(1-2):131-145.

[103]曹宏彬.3S技术在水土保持动态监测中的应用[J].水利水电工程设计,2005(3):41-43.

[104]黎夏,叶嘉安.基于神经网络的元胞自动机及模拟复杂土地利用系统.地理研究[J],2005,24(1):19-27.

[105]黎夏,伍少坤.面向对象的地理元胞自动机[J].中山大学学报(自然科学版),2006,45(3):90-94.

[106]李书娟,曾辉,夏洁,等.景观空间动态模型研究现状和应重点解决的问题[J].应用生态学报,2004,15(4):701-706.